潘常仲 编著

开悟

团结出版社

图书在版编目（ＣＩＰ）数据

开悟 / 潘常仲编著 . -- 北京：团结出版社，2024.
12. -- ISBN 978-7-5234-1423-1

Ⅰ. B821-49

中国国家版本馆 CIP 数据核字第 2024CP5955 号

责任编辑：杨　亮
封面设计：紫英轩文化

出　　版：团结出版社
　　　　　（北京市东城区东皇城根南街 84 号　邮编：100006）
电　　话：（010）65228880　65244790
网　　址：http://www.tjpress.com
E-mail：zb65244790@vip.163.com
经　　销：全国新华书店
印　　装：三河市冠宏印刷装订有限公司

开　　本：160mm×230mm　16 开
印　　张：10　　　　　　　　　　字　数：98 千字
版　　次：2024 年 12 月　第 1 版　　印　次：2024 年 12 月　第 1 次印刷

书　　号：978-7-5234-1423-1
定　　价：58.00 元
　　　　　（版权所属，盗版必究）

开悟，增长智慧的必由之路

裹挟在快节奏的时代洪流中，每个人都在努力前行。然而世界的复杂性总是会迫使我们去追求更深沉的智慧，以此来应对这个令我们无比困扰的外部世界。

古希腊人将哲学称为"爱智慧"（Philosophy），它正是由philein（爱）和sophia（智慧）两部分组成。中国古代的许多文人、哲学家也常有"参禅"习惯。无论是西方的学习"哲学"还是东方的"参禅"，其实都是在描绘一个过程：通过思考去追求智慧、获得智慧。

那么，我们如此孜孜不倦地追求智慧，是想要抵达怎样的境界呢？正所谓"生也有涯，无涯惟智"，要想凭借有限的人生去追逐无限的智慧，那是不可能做到的。相反，我们应该抓住一切可以学习的机会，进行终生学习……

对于终生学习者来说，理想的境界是能够经由我们辛勤的"量的积累"，以达到"质的飞跃"。"质的飞跃"说得更明白些，就是指"开悟"：对于所学的知识能够达到以少总多、以一驭百、触类旁通的境界。正所谓道生一，一生二，二生三，三生万物……

我们遇到的具体事件是无穷的，需要的具体解决方案也是无穷的。但制定方案的底层逻辑却是一致的、驾驭逻辑的思维智慧也是一致的，这便是开悟的重要意义。开悟实际上是我们增长智慧的必由之路。

然而，开悟也并不是一个通过短期学习就可一蹴而就的过程，而且有时候读者虽抱着"海纳百川"的豪情对于知识来者不拒，经过一段时间的学习后却反而陷入所掌握知识冗杂无序的困境。

要知道，开悟强调循序渐进地掌握知识。学习固然讲求"巨峰起于微尘"，但就像是盖大厦，每一块砖的顺序都很重要。因此，本书按照"由浅入深、由观照自我的内心世界到关注现实世界、由简单到复杂"的顺序，结构全书。

本书涵盖"自我觉察""情绪管理""懂得取舍""从容心态""接纳世界""人际交往"等几个板块，结合心理学、哲学、史学、经济学、社会学等多学科知识，为促进读者对开悟的全面而深入的理解提供帮助。

我们的人生之路是一段很漫长的旅途，就像是每天都有昼夜交替，我们的人生也会有辉煌时刻与至暗时刻的交替。花繁柳密处拨得开，方见手段；风狂雨骤时立得定，才是脚跟。

越是在艰难的处境中，越是要有敢于直击风暴的勇敢。然而，这样的勇敢，要求我们能够对以往阅历反复卒读，对过往所学融汇升华。想做到这点，非"开悟"智慧而不能。

目录

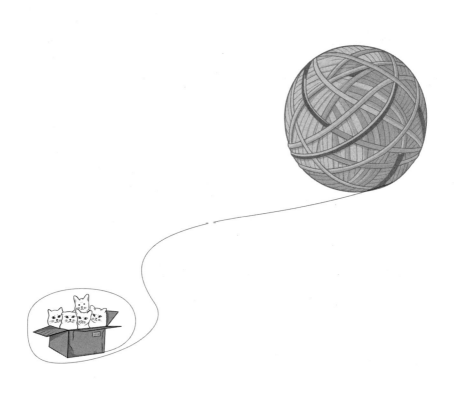

第一章

自我觉察，开启开悟之门

当柏拉图被预言为"全希腊最聪明的人"时，他满心困惑，因为他觉得自己是个无知的人。当他看到了德尔斐神庙的铭文："认识你自己"时才明白，原来智慧就是能够认识自己。自我觉察，是开启开悟之门的一把钥匙。

自省是内心的拂尘

> 学须反己，若徒责人，只见得人不是，不见自己非。若能反己，方见自己有许多未尽处，奚暇责人？
>
> ——王守仁《传习录》

人的心灵如同一间净室，我们的灵魂栖居于其间。然而，如果任由凡尘俗事浸染心中，却不去扫除它，这间屋子便会蛛网尘封，荒凉破败，而日日常打扫，这间屋子又会洁净如新，一片澄明……

那么打扫这间屋子的工具是什么呢？这便是以"自省"为材料制作的拂尘。人的智慧，不在于行事多么机灵诡谲，而在于能否通过自省而自察。善于自省的人，人生的每一段过往都不算白费，他们会通过对既往经验的总结不断成长、终身成长。

弘一法师非常推崇自省的知识，他认为静察己过是人的分内之事，与之相伴的，时常自省自己却不要去随意评论别人，因为不去谈论他人的是非是一个人品格高尚的表现。自省是内心的拂尘，是入禅门的妙旨，是悟道理的幽径。无独有偶，一则无德禅师与弟子的故事，也深刻揭示了自省的力量。

无德禅师门下曾有一名学僧名叫元持，他苦学佛法多年，勤勉好学，不敢废一日之功，但一直参不破佛理。他苦恼万分，终于鼓足勇气在晚参的时候向无德禅师说出自己的困惑：

"弟子多年来勤勤恳恳，不敢废一日之功，日日在这丛林里不闻窗外事，只一心修佛，为何还是无半点长进呢？弟子日日修持，难道还有什么疏漏吗？还请师父指点迷津。"

无德禅师回答道："你应当警惕两只鹜、一双鹿、二只鹰、一条虫以及一个病人，还要时刻和一只凶猛的老虎作斗争。"学僧吓坏了，道："师父，弟子在寺中修习多年，从没看过这几种动物，何况弟子没什么武功，如何同老虎争斗呢？"

无德大师为他解了疑惑："你怎么没见过呢？你可是日日与他们相伴啊！一个病人就是你的身体，你要时时控制它，避免它行恶事；两只鹜就是你的眼睛，你要注意它是否做到了非礼勿视；至于鹿嘛，就是你的双足，你要让他们不曾履足不该去的地方；二只鹰就是你的双手，它是否曾接触过不应该接触的东西；一条虫就是你口中之舌，它是否做到了非礼勿言；至于那只猛虎，就是你的心，心念来，烈火烹油，心念去，万念俱灰，这岂不是猛虎吗？

"我佛说六根，即'眼、耳、鼻、舌、身、意'，倘若六根清净，还怕佛法不精进吗？身是菩提树，心如明镜台；时时勤

开悟

拂拭，莫使有尘埃。"元持顿时了悟，从此常常自省。

所以扫去内心尘埃的办法便是"自省"。但是值得注意的是，这种自省不是事事都去责怪自己，因为这样的过度自省根本无助于自我提升，反而会将自己置身于情绪的泥沼中，任由自己被挫败感裹挟。更糟糕的是，过分自省所引起的自我否定还会剥夺我们的行动力，让我们停止成长。

于是我们开始倾向于制定完美的计划，试图对抗这种状况，却总是因为新问题的诞生而让我们的"完美计划"未经执行便付之一炬……

倘若完全不去反省自己，那么后果则更加糟糕，只产出而不对过往的错误进行复盘与整改，迎来的则是个人成长的停滞。长此以往，会导致思维的僵化，从而对外界社会适应性减弱，变得故步自封起来。

因此，建立科学的自我反省机制是非常重要的。那么如何建立科学的自我反省机制呢？

首先，应当在自我认知上进行升维

自省是为了自我提升，而不是自我批判，因此自省时的思维状况应该是"这件事我怎样做才能优化"，而不是"这件事我怎样没做好，因此证明了我怎样不行"。

其次，不要将他人的随意指责当做是真实的自己

对他人的意见有所取舍。我们的自省是要建立在稳固的自我

认知基础之上的，对待他人的有建设性的意见，我们要听取，对待他人的非理性指责，不必放在心上。

最后，反省的出发点与落脚点都应该是行动

让自己行动起来，一方面可以发现自己的不足，另一方面，专注于行动也可以避免陷入过分自省。计划的完整性固然重要，但是行动起来比完美的计划更能改变我们的人生。

奋力跳出思维天花板

> 人需要不时跳出自我的牢笼，才能有新的感觉，新的看法，也能有更正确的自我批评。
>
> ——傅雷《傅雷家书》

每个人都有遇到失败和挫折的时候，但是在遭遇挫折后能否积极地转变心态、不因一时的得失否定自己，这才是衡量一个人韧性的最好标准。

心理学有个很著名的实验叫做鲨鱼实验。

实验人员捕获了大海中最凶猛的鲨鱼，并且将它关在了池子里。起先，笼子里只有鲨鱼，最后，研究人员又用特质玻璃将池子隔成两个独立的区域，他们让鲨鱼单独在一个区域内，另一个区域则放了许多其他的小鱼。由于鲨鱼的掠食者天性，它会不自觉地将池子另一侧的小鱼当做食物去猎捕。

每当他要冲到另一边去捕食小鱼时，他总会重重地撞上玻璃板。几番各种角度、多次尝试以后，鲨鱼终于放弃了。鲨鱼感到很奇怪，明明眼前没有任何障碍物，但是它却被撞得伤痕累累。

见鲨鱼没有再冲向另一侧，于是研究人员便撤走了先前的钢化玻璃挡板，让两个区域恢复为一个区域。没想到，这次鲨鱼也只敢猎食自己区域的小鱼，当小鱼游过原先放置玻璃板的位置时，鲨鱼竟然放弃了追击。

这是什么原理呢？我们都知道，在一定条件下，生物体会对外界刺激做出反应，这便是条件反射。诸如曹操领兵时，欺骗士兵们前面有梅子，士兵们由此分泌了大量唾液，在一定程度上缓解了口渴，于是他们顺利地走出了荒原；狗狗看见食物会不自觉地吐舌流口水；敲击人的膝关节下方，人会不自觉地抬腿……这些都是条件反射在起作用。鲨鱼实验也是证明条件反射的经典实验之一。

也就是说，如果一条鲨鱼不断受挫，那么即使限制不存在了，它仍旧会在心理上给自己设限。其实人也是这样，一旦习惯了长期受挫，就会失去反抗生活的勇气，结果有能力完成的事也自以为做不到了，长此以往，甚至会使人长期沉浸在"习得性无助"心理状态。

而要摆脱这种状况，就要敢于跳出固有思维定式，敢于撞开自己为自己设置的思维天花板，具体来说，可以参考以下几个心理学方法。

开悟

第一，通过正念和自我觉察建立对自己的科学认知。

如果长期被消极情绪占据大脑，不妨多赞美我们身上的优点，要及时体察自己的消极情绪，转变心态，不要过分否定自己。

第二，建立元认知。

认识自己的消极思维模式，通过一定的认知重建技巧改善自己的思维状况。必要时候可以寻求他人的帮助。

第三，重建自信心。

通过"建立小目标—完成小目标—给予自己积极暗示和奖励"的信心重建机制逐步建立起自己的自信心和对生活的掌控感。

突破舒适区

> 人与生俱来的局限，是能力与愿望之间的永恒距离，生命的目的就是不断跨越困境的过程。
>
> ——史铁生《我与地坛》

在个人成长领域，有个非常著名的"三圈理论"。它根据我们掌握新技能、学习新知识的难度和挑战，用三个同心圆表示出三块不同的区域。从外到内分别是：困难区、拉伸区、舒适区。

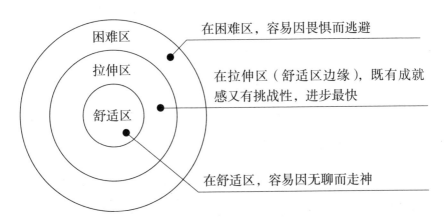

舒适区是我们已经掌握的知识和凭借现阶段能力能够轻松应

付的区域；

拉伸区是指舒适区之外，既有一定的挑战性，但凭借我们的努力足以应对的区域，在应对此区域的挑战过程中，我们自身的能力可以获得提升这个区域又被称为"最佳发展区"；

最外层是**困难区**，我们的能力还不足以应对此区域的挑战，长期处于此区域的高压之下，会产生不安、焦虑甚至恐慌的情绪。

根据三圈理论，如果我们寻求个人的持续成长，就要不断地突破自己的舒适区，而长期处于拉伸区。然而，如果长期对所处的环境无法适应、处于高压环境、无法从环境中获取正面回馈，那么你就应该考虑，是不是正处在困难区之内了。

纵观新东方创始人俞敏洪的人生经历，可以发现他一直走在突破舒适圈的路上。

俞敏洪出生于江苏省江阴市的一个小山村，他的家庭贫穷，他经历了两次高考落榜（英语分数都很低），直至第三次，才终于考上北京大学。

1985年，他从北京大学毕业，并且留校任教，恰逢留学热，他因学习成绩不够优异，没能如愿出国。于是他转而办起了托福辅导班，目标客户恰巧是那些预备出国留学的人。

后来他借学校的名义办辅导班的事被学校发觉，学校就给他记了处分。1991年，他从北大辞职，开始专心创业。

1993年11月，俞敏洪从与东方大学的合作中抽身出来，创办了独属于自己的"新东方"，据他回忆，当时的"新东方"只是一个在中关村破旧小平房的小机构。那时的新东方，只拥有一张桌子，一张椅子和一个用来张贴小广告的糨糊桶。

初期的新东方，还没有打响名声，所以客户少得可怜。于是俞敏洪总是在夜晚提着糨糊桶去张贴广告。再加上当时的辅导机构也已经遍地开花，行业竞争十分激烈。

于是俞敏洪只好打起了价格战，在当时市场均价为"300—380元"的培训市场，他几乎做到价格砍半，他只收160元。而且他还引入"免费培训课"，学生大可以先上20节免费培训课，如果满意了再缴纳160元的学费。新东方就这样在竞争重重的培训市场杀出一条血路。

随着公司规模的扩大，俞敏洪觉得现阶段的新东方家族色彩太浓厚了，这样是无法做大做强的。于是俞敏洪又想起了自己的几位才华横溢的北大同学。俞敏洪凭借着自己的"三寸不烂之舌"加上对国内培训事业一片蓝海的自信，屡屡劝徐小平、王强等优秀校友加入新东方，而他们二人被俞敏洪的真诚所打动，真的归国加入了新东方阵营。

有了徐小平和王强的加入，新东方简直是如虎添翼。2000年以来，新东方不断进行现代化改造。包括股份制改造、去家族化、探索"互联网＋教育"新模式。2006年9月新东方教育科技集团在美国纽约证券交易所上市。持有新东方31.18%股权（4400万股）的俞敏洪资产超过10亿元人民币，成为中国最富有老师。新东方也在其后的数年中成长为行业龙头并不断延伸涉足领域。

2021年受政策和客观环境的影响，新东方的培训业务面临着严重的生存困境。然而，这是一代传奇企业的末路吗？俞敏洪用他的实际行动给出我们答案。

决定不再以教培为主线业务以后，俞敏洪查了公司账户的现金流，他没有选择孤注一掷地用全部现金流帮助自己转型，而是第一时间退还学员的学费、对不得不裁员的员工支付巨额赔付，他还将价值5000万的桌椅捐献给了贫困山区儿童，这些都体现了他作为一个良心企业家的社会责任感。

同年十一月，俞敏洪尝试以直播带货作为转型新方向，除了卖书，他还进入助农直播赛道。事实证明，他又一次把握住时代的风口，新东方主播都是由拥有高学历、高知识的教培老师们转型过来的，他们的知识涵养、人文情怀，再一次打动年轻人……新东方的直播号"东方甄选"一跃成为带货领域头部达人。

可以看到，俞敏洪由农村的穷小子成长为"全中国最富有的老师"，看似传奇，其实每一步都有迹可循。俞敏洪的教培事业是由他在北大的教师事业转化而来的，所以即使日后他已经成了一个集团的董事长，还是希望他人称呼自己为"俞老师"。

而"新东方"到"东方甄选"的跨界转型，本质上还是由于东方甄选不只贩卖商品，他们将商品用知识、用情怀武装起来，与其说东方甄选的粉丝在消费商品，不如说他们在为知识买单。

俞敏洪的传奇经历，恰恰是一个"建立舒适圈—走出舒适圈"二者不断循环的过程。即，他一直处于人生的"拉伸区"，既不停滞，又从不做自己做不到的事……

古人常有"生于忧患，死于安乐"之语，原因就在于如果一个人长期处于自身的舒适区，就会消磨自己的斗志和进步的动力，从而会让自己丧失学习新技能的动力，缺少工作与生活的激情。相反，我们应适当地走出舒适区，给自己一次提升的契机。

善于自察

> 企者不立，跨者不行，自见者不明，自是者不彰，自伐者无功，自矜者不长。其在道也，曰余食赘行，物或恶之，故有道者不处。
>
> ——《道德经》

人想要登高远望踮起了脚，反而因此站立不稳；迈着大步子想走得更快，却因扭伤了腿而不能行走；善于自我表现的人反而不见得高明；喜欢自我夸耀的人很难有真的功勋……这是道家学派创始人老子的智慧。

实际上，知道什么是自己所擅长的，知道什么是自己做不好的，善于自察、善于自我反思的人，反而能够建立真正的事业。

刘邦在帝王中，绝对不算是最具智慧与英勇的，甚至常常因出身低、行为不端被人诟病。但他怎么能打败力拔山兮的勇士项羽呢？秘诀就在于他能够认识到自己的局限性，信任手下的谋士，肯放权给他们。

刘邦即皇帝位后，最初把首都设在洛阳。在一次洛阳酒宴上，刘邦曾向群臣提出一个问题，他说："诸位王侯，诸位将军，我为什么能夺得天下，项羽又是怎样失去天下的？大家不必顾忌，各自发表自己的见解，让朕听听。"

当时大臣们各自发表自己的意见，其中，最有代表性的是大将王陵的回答。王陵是刘邦的老乡，和刘邦交情不错，所以言语坦率。他说："皇上比项羽善于用人。皇上虽然对人粗暴，好发脾气但却赏罚分明，使群臣争相效力，充分地调动了大家的积极性。而项羽则嫉贤妒能，出力的将士得不到封赏，最终导致失败。"

刘邦点头称善，然后他又补充说："在军营中出谋划策，制定正确方略，使军队在千里之外打胜仗，我不如张良。坐镇后方，安抚百姓，源源不断地给前方供应粮饷，我不如萧何。能够统率大军攻城略地我不如韩信。他们三人就是杰出的人才，我虽然在某些方面比不上他们，但我能重用他们，充分发挥他们的才干，所以才能战胜项羽，夺得天下。项羽虽然有个豪杰范增，但不能信任他、重用他，所以才失败了。"

管理学中有个很经典的概念：木桶理论。它强调如果用几条长短不一的木板打造水桶，决定这个水桶容量的并不是长板有多长，而是短板有多短。我们人的能力也是如此，各个方面不可能是均衡的。

所以修身的第一要义便是"自察"，时时自省自己有哪方面不足，总结出自己的优点与缺点，在应对繁杂世事之时，才能更加游刃有余。

不要忘却自己的谦卑之心

> 因为他心怎样思量，他为人就是怎样。
>
> ——《旧约》

传说中造物者在打造人的时候，送给人两个口袋，人们把他放在胸前和背后，胸前的口袋用来装他人的缺点，背后的口袋用来装自己的缺点，因为人的眼睛是看向前方的，所以久而久之人类便只能看到他人的缺点，却看不到自己的缺点了。因此，人类开始丢弃了他的谦卑之心，开始变得骄傲起来。

英国著名作家萧伯纳常常为了积累写作素材常常到世界各地去体验生活。而且为了详细了解当地的风土人情，他也会在各地小住、接触当地不同的人。

这一天，萧伯纳遇到一位可爱的小女孩，她看小女孩独自玩耍，很孤单，便停下来做了一会儿女孩的玩伴。临别之时，萧伯纳对小女孩说："今天我们玩得非常愉快，不过，你知道我是谁吗？你今天的玩伴是大名鼎鼎的作家萧伯纳！"

小女孩感到很困惑，她甚至还不识字，怎么会认识作家呢？她以为这也是一种游戏，于是便回复萧伯纳道："你知道我是谁吗？你今天的玩伴可是克里佩斯莱娅！"

萧伯纳先是感到很诧异，后来又放声大笑，是啊，在孩子的眼里，他并不是一个在名利场上一字值千金的大作家，而是一个有趣的玩伴！

想到这里，萧伯纳又不由得有些羞愧，他将成人世界的恭维、名利、社会地位等世俗之物视作惯常、视作理所应当，全然忘记了褪去光环的自己，也是一个普通人。

心理学上有很多将"自我概念"（self-concept）作为核心研究课题的流派。而科学的"自我概念"是要通过自我内容的认识（我是谁）和评价（我对自己感觉如何）这两个维度进行评价的。想要完成科学的评价，需依赖对自我的清晰认知。

如果长时间通过外界对"我是谁"进行定义，对"我怎么样"进行评价，就永远都无法形成自我独立人格。当你功成名就，他人便会恭维你，这时你的自我就会无限膨胀，殊不知登高跌亦重。当你一文不名，他人便会嘲讽你，此时你又把自己看得比尘埃更低。你一直是你，为什么要随着境遇的不同改变对自己的评价呢？

如果总以他人的评价体系为准绳，那么你永远都无法建立起对自我的科学评价、也无法建立起稳定的自我概念。正确的做法是：常怀谦卑之心，但并不过分贬低自己，在名利正炽之时，也能看到自身的限制。

　　总有些人会忽视你的名利光环，透过你的本质去看你，如果能常怀谦卑，以修身为己任，岂不妙哉？

学会谦逊做人

> 劳谦虚己，则附之者众；骄慢倨傲，则去之者多。
>
> ——葛洪《抱朴子》

西方哲学家卡莱尔说："人生最大的缺点，就是茫然不知自己还有缺点。"因为人们只知道自我陶醉，一副自以为是、唯我独尊的态度。殊不知，这种态度会遭到多数人的排斥，使自己处于不利地位。

老子曾用"水"来叙述处世的哲学："上善若水，水善利万物而不争。"意思是说，善良的人，就好比水一样。水善于滋润万物而不与万物相争。水总是往下流，处在众人最厌恶的地方，注入最卑微之处，站在卑下的地方去支持一切。

它与天道一样恩泽万物，所以水没有形状，在圆形的器皿中，它是圆形，放入方形的容器，则是方形。它可以是液体，也可以是气体、固体。这正是我们必须学习的"谦逊"。

《荀子》中记载了一段故事：有一天，孔子参观鲁国的宗庙，

留意到一种叫"欹器"的装水容器。便叫弟子倒水进去。水一倒满，欹器立刻翻覆。孔子看了，便感慨地说："啊！是装满就会翻覆的东西。"《菜根谭》中有句话说："欹器以满覆。"简单地说，就是告诫人不可太自满，所谓"谦受益，满招损"就是这个道理。

《易经》亦云："人道恶盈而好谦。"你即使豪气万千，也绝不能傲气半分；纵然有超人的才识，也要虚怀若谷。只有保持谦逊，别人才会喜欢你，才可能有相互学习的机会。因为谦逊使我们相互之间敞开心扉，并使我们能够从他人的角度看待事物；只有保持谦逊，我们才可能坦诚地与他人交换意见。

另外，谦逊永远是一个人建功立业的前提和基础。不论你从事何种职业，担任什么职务，只有谦虚谨慎，才能保持不断进取的精神，才能增长更多的知识和才干。因为谦虚谨慎的品格能够帮助你看到自己的差距。永不自满、不断前进可以使人能冷静地倾听他人的意见和批评，谨慎从事。否则，骄傲自大，满足现状，停步不前，主观武断，轻者使工作受到损失，重者会使事业半途而废。

肖恩是一个刚刚毕业的大学生，不但面貌英俊，而且热情开朗。他决定找一份与人交往的工作，以发挥自己的长处。很快，他就得到了一个好机会——一家五星级宾馆正在招聘前台工作人员。肖恩决定去试试，于是第二天就去了那家宾馆。

主持面试的经理接待了他。看得出来，经理对肖恩俊朗的外表和富有感染力的热情相当满意。他拿定主意，只要肖恩符合这项工作的几个关键指标的要求，他就留下这个小伙子。

他让肖恩坐在自己对面，并且开门见山地说："我们宾馆经常接待外宾，所有前台人员必须会说四国语言，这一标准你能达到吗？""我大学学的是外语，精通法语、德语、日语和阿拉伯语。我的外语成绩是相当优秀的，有时我提出的问题，教授们都支支吾吾答不上来。"肖恩回答说。

事实上，肖恩的外语成绩并不突出，他是为了获取经理的信赖而标榜自己。但显然，他低估了经理的智商。事实上，在肖恩提交自己的求职简历时，公司已经收集了有关的详细信息，其中包括肖恩的大学成绩单。听了肖恩的回答，经理笑了一下，但显然不是赏识的笑容。

接着他又问道："做一名合格的前台人员，需要多方面的知识和能力，你……"经理的话还没说完，肖恩就抢先说："我想我是没有问题的。我的接受能力和反应能力在我所认识的人中是最快的，做前台绝对会很出色的。"

听完他的回答，经理站了起来，并且严肃地对他说："对于你今天的表现，我感到很遗憾，因为你没能实事求是地说明自己的能力。你的外语成绩并不优秀，平均成绩只有70分，而且法语还连续两个学期不及格；你的反应能力也很平庸，几次班上的活动你都险些出丑。年轻人，在你想要夸夸其谈时，最好给自己一个警告。因为每夸夸其谈一次，诚实和谦逊都要被减去10分。"

在我们的生活中，像肖恩这样的人并不少见。很多人只知吹嘘自己曾经取得的辉煌，夸耀自己的能力学识，以为这样可以博得别人的好感和赞扬，赢得别人的信任。但事实上，他们越吹嘘自己，越会被人讨厌；越夸耀自己的能力，越受人怀疑。谦逊基于力量，高傲基于无能。

夸耀自己和自我表扬并不会为我们赢得好的机会，只会断送我们的前程。因为一个喜欢标榜自己的人，往往会失去朋友——没有人喜欢和一个高傲自满的人在一起。失去别人的信任——别人不但对你的能力产生怀疑，更严重的是你的品德和灵魂也会遭到批评。无疑，一个没有好人缘、不可信的人是永远也不会与成功邂逅的。

俄国作家契诃夫曾说："人应该谦虚，不要让自己的名字像水塘上的气泡那样一闪就过去了。"如果你认为自己拥有广博的知识，高超的技能，卓越的智慧，但没有谦虚镶边的话，你就不可能取得灿烂夺目的成就。

第二章

放下我执，领会开悟时刻

　　执着像是一枚硬币，一面是固执，另一面是坚持。能否发挥执着的正面作用，关键要掌握执着与固执之间的度，具体说来，就是放下以自我意识为主导的"我执"，不要明知不可为而为之，不去过分苛求自己，而是要顺势而为、在客观条件允许的情况下，不轻言放弃。

拈花微笑，活在当下

> 能够自得其乐，感觉到万物皆备于我，并可以说出这样的话：我的拥有就在我身——这是构成幸福的最重要的内容。
>
> ——阿图尔·叔本华《人生的智慧》

宋僧释绍昙所作的五十五首偈颂中有一首意境非常玄远："春有百花秋有月，夏有凉风冬有雪。莫将闲事挂心头，便是人间好时节。"的确，一年四季，常有好景，又何必春伤、秋悲、夏叹芭蕉、冬苦寒呢？

佛祖曾在灵山会上拈花而笑，境界是何等的平和与安详。然而奔忙在纷扰世俗中的我们，身上沾满赶路的尘埃，有多久没有停下来看看身边的风景了呢？

一位旅者穿行沙漠时误入一座城池，他步步探寻却发现此城空无一人，早已是一座弃城了。他来到城中心，发现城市中心屹立着一座高大恢宏的神庙。而庙中着供奉着一尊神情哀苦的、有两个面孔的神像。

旅人喃喃自语："好奇怪的神啊，为何一个头颅上有两个面孔？"神像竟张开了眼睛，看着面前的旅人道："年轻的旅人，既然你发问了，我不由得要告诉你，我是有大神通的双面神雅努斯，我的两个面孔，一个在前、一个在后是因为我的一副面孔在看向过去，一副则在看向未来。"

旅人听了神像的回答，若有所思道："那么，你怎能有时间看着现在呢，人始终生活在现在啊！"

神像突然痛哭起来，说道："怪不得我的信徒们要离开我，原来是因为这样。"神像说完便轰然倒塌了。

它领悟到了什么？过去的已然过去，再无法改变；未来的还未发生，它是一个随着今天的改变而改变的点。也就是说，能够掌控在我们手中的，也唯有今天。

而对于未来的不确定性正是引起焦虑的根源，而总是沉浸在过去的失败中，则会引起抑郁情绪。把控住当下，是稳定情绪的船锚。

在这里，我们可以利用一些简单的思维工具。

第一，任务拆解思维

把一只大象装进冰箱里需要几步？"给冰箱插电—打开冰箱门—把大象关进去—关上冰箱门—……"这个过程就是任务拆解的过程，要完成一个大目标，不妨把目标拆解为几个相关联的小目标。

第二，全局思维与聚焦思维

我们要想完成一件事，大局观是很重要的，但更重要的是能在大局中找到影响任务进程的关键点。比如想要完成"用冰箱装大象"这件事，事先的准备工作就是要找到能装得下大象的冰箱，这是事情能够完成的基础，而如何让大象能够走进冰箱里，这也是这项任务能否完成的关键。

所以，比起其他任务，我们不妨花费更多的时间和精力在关键环节，这就是聚焦思维。他要求我们在第一时间找到影响任务完成情况的重点和难点。

第三，灵活运用 To Do List 待办事项清单

将任务量化为可完成的小目标后，我们还可以将每个小目标按照优先级排序，然后逐一去完成这些小目标。这样做的好处有：细化任务，从而减少内心的压力；分步骤推进，使工作过程变得精确；完成清单的过程有利于对任务可行性进行再思索；将任务落实到纸面上，减少大脑的记忆负担。

以下是简单的量化表模板：

哈佛学生常用的 To-do list 模板		
这是最简单直接的一种模板，填起来最快，适合每天忙得应接不暇的人		
No.（序号）	To-do（任务）	Status（状态）
1	Complete the Corporate Finance problem set （完成公司金融课的习题集）	Done（完成）

2		
3		
4		
5		
6		

　　活在当下是重启人生的金钥匙。种一棵树，最好的时间是 10 年前，其次便是当下。过去的失误已经来不及懊悔，它们已经作为我们人生经历的一部分跟随着我们成长，而明天没有来临，它仍然被握在今天的我们的手中。

行无为之为

至言去言，至为无为。

——《列子》

道家哲学讲求政治上的自然观——"无为而治"，即遵循国家治理的客观规律，治理臣民时要不妄为、不过多干预。生活也是这样，很多时候，不刻意去完成的事，反而可以以某种意想不到的方式达成完美，而那些越是刻意为之的事，反而很可能以失败告终。

许多人把这些人力强求不得的事归因为命运、天道，实际上，唯物辩证法认为事物的发展离不开规律的制约。所以，要想促进事物的发展，就要尊重客观规律，实际上，道家的"无为"哲学便是尊重客观规律的一种朴素表达。正所谓"无为而无不为"，无为不代表放任，更不代表没有作为。

西汉王朝建立后，汉高祖深刻反思了秦朝灭亡的教训，鉴于当时社会经济凋敝、民不聊生的状况，决定实行休养生息政策。这一政策包括减轻赋税、宽缓刑罚以及鼓励农桑等，旨在让百姓在战乱之后能够安定地从事生产活动。

丞相萧何在这一过程中发挥了核心作用，他协助汉高祖制定并推行了这些政策。这些措施很快取得了显著成效，使国家逐渐恢复了元气。萧何去世后，曹参接任相国的职务，继续执行这一政策。

曹参原本是一位勇敢善良的大将，在刘邦夺取天下的战争中立下赫赫战功。刘邦称帝后，曹参担任齐国丞相九年，实行黄老无为而治的理念，使国家安定繁荣，因此被誉为贤相。历史上将这一时期的政治现象称为"萧规曹随"。

惠帝二年，曹参继任萧何为相国。他上任后，对政策没有进行任何变更，完全遵循萧何的政策。在选择丞相属吏时，他倾向于选拔年长且不善言辞的忠厚长者，而排斥那些言辞犀利、追求声名的人。曹参自己则日夜饮酒，对于政事似乎并不太关心。

当卿大夫和属吏想要进谏时，往往被曹参拉着喝酒，最后什么都说不出来。久而久之，这种风气在官员中传开，大家也开始效仿曹参的行为，日夜畅饮、歌舞升平。

尽管有人觉得这种风气不太像话，甚至请曹参去视察并治罪那些喝酒闹事的吏员，但曹参却反而与他们一起饮酒作乐，歌呼相和。这种上行下效的现象在一定程度上反映了当时政治生态的宽松与和谐。

开悟

　　曹参的行为看似放纵不羁，但实际上他是在用这种方式来维护政策的连续性和稳定性，避免因为过多的变革而给百姓带来不必要的困扰。同时，他也通过这种方式来展示自己的政治智慧和领导才能，让下属们对他更加信任和尊重。消息传到惠帝耳中后，惠帝对曹参不理政事的行为感到不满，认为这是对自己的轻视。

　　有一天，惠帝命令曹参的儿子中大夫曹窋回去质问他的父亲："高祖刚刚去世，皇帝年轻，您身为相国却日夜饮酒，如何能够治理天下呢？"曹窋回家后如实传达了惠帝的话，却遭到了父亲的严厉责打。曹参告诫儿子不要对天下事妄加评论。

　　不久之后，曹参上朝时，惠帝责备了他。他们君臣之间展开了一段对话。惠帝问曹参："您为什么要责打曹窋呢？我派他去劝谏你，你为何不听？"曹参摘下帽子谢罪说："陛下请自己想想，您在圣明和武勇方面与高祖相比如何？"惠帝回答："我怎敢与先帝相比呢？"

　　曹参又问："那么陛下认为我与萧何相比谁更贤能呢？"惠帝说："你似乎不如萧何。"曹参说："陛下说得对。高祖与萧何共同平定天下，法令已经明确完备。现在陛下垂拱而治，我则恪守职责，遵循前人的成就而不失误，难道不好吗？"惠帝听后说："好，你就按你的方式去做吧！"

　　之后，曹参担任相国三年期间，百姓们休养生息、安居乐业。他们称赞曹参说："萧何制定了法律，统一而明确；曹参继任后，恪守职责而不失误。国家清明安定，百姓因此安居乐业。"

当我们遇到棘手的事或者接到新的任务时，不妨先放一放，任由它自己去发展，或者遵循此前的惯例行事。这是"无为而为"的智慧，看似无为，实际上已经是最好的做法。

相反，一味地将自己的主体意识强行附着在不适合的事物上，固然是执行自我意志的良方，也的确向他人展示了我"有所作为"，但是却会引起事物的崩溃或使事情走向不利的一面。

换位思考

> 真正的理解都难免是设身处地，善如此，恶也如此，否则就不明白你何以能把别人看得那么透彻。
>
> ——史铁生《病隙笔记》

换位思考、换位办事，就是我们所说的将心比心。所谓换位思考，就是要把自己设想成别人，站在别人的角度考虑问题。很多时候甚至需要暂时抛开自己的切身利益，去满足别人的利益。

其实，利益在很多时候是互相关联的。你能考虑别人的利益，别人也会考虑你的利益。在人际交往中，我们要学会"将心比心"。一个人只有具备习惯于换位思考的素质，具有过人的理解力，才能去理解平时所无法理解的东西，而对方也能感觉到自己被尊重了。这样，人家才愿意与你交流、沟通。

在人际交往时，人们不仅习惯于从自己的特定角色出发来看待自己和他人的态度与行为，而且还习惯于自我中心式的思维方式，从而引发出一连串的冲突和矛盾。如果大家都能从对方的角度去思考一下，都能将心比心地换位感受一番，那么，许多冲突、矛盾就可以迎刃而解，这就是换位思考的积极作用。

美国的开国元勋杰弗逊有一句名言："也许我不同意你的观点，但我一定举双手维护你说话的权利。"换位思考到底是什么呢？其实就是"移情"，去"理解"别人的想法、感受，从别人的立场来看事情，以别人的心境来思考问题。当然，这并不是很容易就能做到的。有时我们以为别人遇到了痛苦的事，我们就该安慰他（她），这样会抚平别人的创伤，而实际情况却不一定那么简单。

小宁的老公突发心脏病去世。料理完丧事，她疲倦且悲伤地回到家后，就开始面对亲友们日复一日的关心询问："他是怎么死的？""你怎么没有及时呼救？""之前你们夫妻吵过架吗？""天哪，怎么会发生这样的事？"

这些人的出发点当然是关心，但对处于情绪低潮期的小宁，却造成了莫大的伤害。后来她一看到有人来，就害怕起来。"我最需要的，是沉默的体谅，但却没有人给我。"她说。

在生活中，我们有时很想帮助别人，但是只有好心是不够的，我们还需要一定的生活阅历和体谅别人的能力。即使安慰也是需要技巧的。有时我们太急着告诉别人我们的观念、判断和看法，却忘了输送真正的温暖；我们太急于知道自己想知道的，却忘了别人的伤口还没愈合。转换思维模式，不要总带着好奇心来探求他人的内心世界。

　　真正的换位思考必然是一个"移情"的过程，要从内心深处站到他人的立场上去，要像感受自己一样去感受他人。

　　但不幸的是，许多人的换位思考缺少了"移情"这一根本要素。他们或是站在自己的位置上去"猜想"别人的想法和感受，或是站在"一般人"的立场上去想别人"应该"有什么想法和感受，或是想当然地假设一种别人所谓的感受。

　　这样的换位思考，其实仍局限于自己设定的范围之中，绝对无法体验他人真正的感受和思想。只有真正地"移情"，设身处地地为他人着想，换位思考才能起到积极的作用。

学会对抗本能

> 本能中那些致人死命的力量，乱人心意的欲望，暧昧的念头，使你堕落使你自行毁灭的念头，都是这一类的顽敌。
>
> ——罗曼·罗兰《约翰·克利斯朵夫》

奥地利动物学家洛伦兹认为人类在某些层面上同动物一样，存在着原始本能。事实上，一些在心理学上起隐形支配作用的内驱力，的确来自我们内心的本能。

比如，很多人都曾做过这样的游戏，在纸上画一个圆圈，在最后留下一个小缺口，之后再看它一眼，人们就会有一种冲动要把这个圆完成。这就是"趋合心理"，是促使人们完成一件事的内驱力之一。

为了探究这个问题，心理学家蔡戈尼于1927年做了一个实验。她将受试者分为甲乙两组，让他们同时演算相同的并不十分困难的数学题。让甲组一直演算完毕，而在乙组演算中途，突然下令停止，然后让两组分别回忆演算的题目。结果，乙组记忆成绩明显优于甲组。

这是因为人们在面对问题时，往往全神贯注，一旦解开了就会松懈下来，因而很快忘记。而对解不开或尚未解开的问题，则要想尽一切办法去完成它，因而这个问题一直在脑海中徘徊，久久无法忘记。这种心态叫"蔡戈尼效应"。人们之所以会忘记已完成的工作，是因为欲完成的动机已经得到满足；如果工作尚未完成，这种动机因未得到满足而使得这份工作给人留下深刻印象。

趋合心理和蔡戈尼效应在原始社会驱使我们坚持不懈追逐猎物，由此大大提高了原始先民的生存概率。到了现代，这两种心理效应又驱使我们不断攀越人生与事业的高峰，给我们不达目的誓不罢休的勇气。这种来自本能的内驱力帮我们不断向前，跌倒了也要一次次站起来。

然而，这些来自本能的内驱力也是一把双刃剑。在它们的催化之下，我们也会产生"不到黄河心不死""不见棺材不落泪""不撞南墙不回头"的不应该有的执着，它们遮蔽了我们预估风险、评价损失的眼睛，使我们不计后果的盲目投入。当所投入的超过我们所能接受的最大限度，我们很有可能产生焦虑的情绪，甚至开始完全否定自己。

因而，适当地利用趋合心理和蔡戈尼效应是好的，但是如果过分地放任他们控制我们的决策，很有可能为我们的人生招致毁灭性的后果。

有一位青年，高考落榜之后便夜以继日地搞起诗歌创作来。他一篇篇地投稿，又一篇篇地被退回。他一气之下跑到新疆去发掘灵感，可是跑遍了所有的地方也没有人愿意收留他。他万念俱灰，饿了五天五夜，步履艰难地回到家里，因为无脸见人服了毒药。

被抢救过来之后，他不但受到亲人们的责怪，父母亲还发誓以后再不认他。他沉痛地说："一个不幸的人选择了文学，而文学又给了我更多的不幸。"这位青年不能说他没有远大的目标和理想，甚至他还有坚持不懈、锲而不舍的毅力，但为什么落到了这般田地？

我们在为这位青年感到惋惜的同时，也得到一些人生启示：人生有时需要半途而废，我们应学会撞到南墙就转弯。当我们在人生的路上举步维艰时，所要做的或许并不是坚持到底，一条路走到黑，而是停下来观察一下，想一想、问一问自己选择的这个方向对不对？自己有没有这方面的才华？是不是已经到了应该放弃的时候？

很多人都像故事中的青年一样，很努力地工作和生活，但到头来却一无所获。因为他们没有选对努力的方向，只是一味为了"趋合"而做无用功。要想成功，我们必须学会把脱缰之马般的完成驱动力抑制住。依照自己的价值标准，如果发现一个工作计划不值得做，那么就勇敢地放弃。

显然，本能是维持我们生存的基本驱力，小到穿衣吃饭，大

到择偶择业，几乎我们做出的每一个决定，背后都可以窥见本能的身影。然而，本能并非全能，值得注意的是，我们可以通过后天的训练来对抗本能。

我们可以先从小事做起，来训练自己，比如看一本书的时候尝试停一下，想想自己是否在浪费时间和精力，还要不要继续看下去，有了这样的尝试，我们便可以保证沿着正确的方向前进。

有一个教授在授课之前，给大家出了一道有趣的思考题："很远的地方发现了金矿，为了得到黄金，人们蜂拥而去，可一条大河挡住了去路，你们会怎么办？"课堂上顿时热闹起来，有的说游过去，有的说绕道走，但教授却笑而不语，只是用手示意鼓励更多答案。

良久，再也没有人提供新的答案，教授才严肃认真地说："为什么非要去淘金，为什么不可以买一条船做营运，接送那些淘金的人？这样照样可以发财致富。"所有人一时语塞。教授接着说："人们为了发财，即使票价再贵，也会心甘情愿买票上船，因为前面就是诱人的金矿。"大家茅塞顿开。

是啊，为什么不能修正一下致富的手段和方式？目标都是追逐财富，为了能实现目标，我们可以根据实际情况，采取灵活的方式。若在某个圈子长期出不了成绩，不如改行做更适合自己的工作。抛弃虚荣心，哪怕降低一个档次，只要能发挥自己的特长，就能取得更大的成就，找到自己的人生价值。

我们知道从地球发射一个卫星到太空的预定轨道。在这个过程中，实际上，卫星只有 3% 的时间是在完全正确的航行轨道上，没有丝毫偏移，而其余的时间一直都在修正。

人生中，我们可以不断犯错、不断尝试、不断修正，犯错不可怕，可怕的是一条路走到黑。当你觉得前路一片黑暗时，不妨转个弯，向着更光明的路前进。能够在一定程度上脱离本能、战胜本能是思维升阶的标志。

 开悟

及时抽身，远离协和谬误

> 即使是真正的好东西，当我们得不到它的时候，就不该焦躁地渴望它，每个人迟早都要面对那伟大的放弃。
>
> ——伯特兰·罗素《一个自由人的崇拜》

如果你在研发一款新产品，此时有人过来告诉你，这个产品有 70% 的亏损概率，此时的你会选择放弃这个东西及时止损，还是做到底，赌一赌这 70% 的概率？相信绝大多数人都不可能中途放弃，反而会坚持到产品研制出来，即使完成产品所造成的损失会更多。

20 世纪 60 年代，英国和法国政府联合投资开发大型超音速客机，即协和飞机。在当时，开发一种新型商用飞机可以说是一场豪赌。单是设计一个新引擎的成本就可能高达数亿美元。想开发更新更好的飞机，实际上等于把公司作为赌注压上去。但是英法两国的政府主意已定，坚决投资开发。

在飞机的研制过程中，英法政府发现：继续投资开发这样

的机型，花费会急剧增加，且这样的设计定位能否适应市场还不知道，而停止研制将使以前的投资付诸东流。随着研制工作的深入，他们更是无法做出停止研制工作的决定。

协和飞机最终研制成功，但因飞机的缺陷（耗油大、噪声大、污染严重、成本太高等），不适合市场竞争，最终被市场淘汰，英法政府为此蒙受很大的损失。在这个研制过程中，如果英法政府能及早放弃飞机的研发工作，会使损失减少，但他们没能做到。后来博弈专家就把这种因一个错误而诱发更多错误的困境叫作"协和谬误"。

然而，这一博弈术语却揭示一个人生道理：在错误已经发生的情况下，我们要做的不是错上加错，而是认赔服输，尽早出局以减少损失。古人说："人非圣贤，孰能无过。"每个人都会犯错误，即使圣贤如孔子，也还是犯过"以貌取人，失之子羽"的错误。

可是做错了事以后如何面对，却直接关系到为错误付出的代价。一旦做错了一件事，这件事也就算结束了。我们在检讨过之后，就必须全力以赴地去做下一件事。人生就像跨栏赛，我们不应该碰倒栏杆，而是要在最短的时间内跨过去。如果一味地为碰倒的栏杆而惋惜和后悔，最终的成绩必然会大受影响。

当我们知道已经做了一个错误的决策时，就不要再对已经投入的成本斤斤计较，而要看对前景的预期如何。对前景的观望，有时会启发我们做出一个明智的决定——暂时放弃。

唯德者方可谋大事

> 对于美德，我们仅止于认识是不够的，我们还必须努力培养它，运用它，或是采取种种方法，以使我们成为良善之人。
>
> ——亚里士多德

"德"乃最长远的家业，"忠厚传家远，诗书继世长。"这是家喻户晓的一副对联。由此我们不难发现"德"是最值得紧抓不懈和传之后代的"财富"，别的，无论是金钱、产业还是机巧诡智，都是难以坚持或根本无法传承的。真正的智者都懂得，要想保全自身以及庇护子孙们安身立业，最可信的支柱还是人的道德修养。

唐太宗时，岑文本是一介书生，凭借出众的才华，步步升迁，最后被任以宰相的高位。上任之初，朝中大臣纷纷祝贺，他家一时车马不绝，门庭若市。

岑文本对此不喜反忧，他对前来祝贺的人说："我刚刚上任，一无政绩，二无贤德，有什么可以祝贺的呢？因此，我今天只接受你们的提醒，中听的话就不要说了。"

岑文本的家人见众人悻悻而去，都责备他不近人情，岑文本便训导他们说："他们虽是好心，其中却也不免有势利小人，借此攀附。若皇上以此观察于我，我这般声张，还会有好下场吗？你们要切记：一个人万不可得意忘形，更不能失去应有的警惕。凡事取之实难，失去却在一夜之间啊。"

岑文本的家人自认为门庭高了，便劝岑文本另购大屋，多买产业。岑文本的妻子以此反复说过多次，岑文本依然不肯。他的妻子气得一天不吃饭，还发牢骚："你得此高位，就是不为自己着想，也要为子孙造福啊。现在人人都是这样，你自恃清高，苦了自己，还连累了孩子，遭人嗤笑，这是何苦呢？"

岑文本把子女都叫到妻子床前，语重心长道：

"你刚刚所言，都是俗人之见，近则有利，远则有害。我本是一介书生，赤手空拳来到京师，未曾料到得此高位。这当然是皇上恩典，也是我勤勉不懈之果。由此可见，一个人的出身并不重要，重要的是他勇于任事，以才学为本。我深知此中真意，颇有心得，又怎会学那凡夫俗子之举，泛置产业、富贵而骄呢？这只能让你们养尊处优，无忧无患，安于现状，不思进取，对你们的将来，这才是真正的祸患，我怎忍心这样做呢？还望你们明白此中道理，不要再怨怪我了。"家人深受教诲，妻子也理解他了。岑文本非常高兴。

他这般清醒，唐太宗也对他另眼相看，宠幸不衰。岑文本死后，朝廷又给他在帝陵陪葬的至高荣誉，以表褒奖。到了唐睿宗时，他孙子一辈的人中，位居高位的有数十人，他的家族成了当时最显赫的家族之一。

显达及远、富贵相传，这是人人都希望的。对那些身享富贵的人来说，这种愿望就更强烈了。他们深知富贵的好处和取得富贵的艰难，故不愿意自己的子孙把这一切葬送。

每个人对儿女的教育都是不一样的，其效果也有着相当大的差异。贪婪者以搜刮为能，以自私为利，其子孙只能是一批纨绔子弟。贤明者知足常乐，以德育人，自甘其苦，言传身教，这对子孙的影响就深刻多了，他们长大后才能独当一面，真正担得起重任，肩负起光耀门楣的责任，并将家族发扬光大。

每一个人，由于天资的差别，或受教育程度的差异，或受所处社会地位的限制和职责的规范，办事能力有大有小，这都是客观存在的，是不以人的意志为转移的。但只要重视德行，有好的品行，就是一个值得称赞的人，也是一个能够让自己的事业和前程充满希望的人。孔子这个观点，对现代生活一样具有指导意义。因为作为一种做人做事手段，相对于技巧和力量，其实德行操行是更具有影响力的，同时也是最为永恒的。那种逞勇斗狠，其实是一种最没有"技术含量"的手段，成事不足败事有余。

由此可见，"德"是铺就成功之路的基石。以德立身贯穿于每个人的一生，在人生的不同阶段，道德对于人的要求会有着不同的变化，每个人经历的内容也不一样，但是，以德立身的人生支柱是不变的，它对每个人人生大厦起着支撑作用的规律是不变的。总而言之，以德立身是通往成功的阶梯。

康德曾在《纯粹理性批判中》坦言："有两样东西，我对它们的思考越是深沉和持久，它们在我心中唤起的惊奇和敬畏也就与日俱增：头顶的星空和心中的道德律。"

第三章

情绪管理，走向内心的平静

　　人与动物的最大区别在于，人遇到事情时能及时地进行理性思考，而不是凭借本能行事。情绪源自身体的本能，理性源自大脑的思考。帕斯卡尔曾大胆直言："人是一根能思想的苇草。"人的身体如同草木一样脆弱，正是思考让我们得以变得坚强！

选择的自由

> 你无法控制生命里会发生什么，但是你可以控制面对困境时你的情绪和行动。残酷的世界可以拿走你很多东西，唯独有一样东西它永远拿不走，就是选择的自由。
>
> ——维克多·弗兰克尔《活出生命的意义》

人生而自由，却无往不在枷锁中。这些枷锁，是世俗眼光、是人际关系、是社会地位、是客观环境……人之所以觉得自己被关在牢笼里，实际上是因为忘记了自己还享有选择的权力。

西方思想文化史上有两大绕不开的事件：苏格拉底赴死与耶稣殉道。而苏格拉底赴死的悲壮之处在于，他有许多个可以生存下来的机会，但是他为了维护心中所信仰的雅典民主，还是选择慷慨赴死。

大约在公元前399年，大思想家苏格拉底因为被诬陷为"蛊惑年轻人"罪，被押送到雅典民众法庭进行审判。第一次审判的时候，虽然多数人认为苏格拉底有罪，但是这部分人并不比认为苏格拉底无罪的人多出多少。

当时如果苏格拉底能通过假装认错来博得更多陪审员的同情，他很可能会被无罪释放。但是苏格拉底选择了坚持自己心中的道义，当庭陈述出雅典制度不完善的一面，并认为自己是雅典制度的"牛虻"，为批评时弊牺牲自我也不可惜。第一次审判结束，苏格拉底的朋友想要为他缴纳一笔罚金以免去他流放的刑罚，但是苏格拉底拒绝了。

雅典人认为苏格拉底太傲慢了，在第二次审判的时候，绝大多数人认为他有罪。这次他被判处死刑。

他被关进等待行刑的监狱时，朋友去看望他，并且劝他逃到海外去。当时许多被判处有罪的雅典人都会选择流亡海外以保住性命，但是苏格拉底认为这是对法律的一种践踏，他要用自己的死亡来维护法律的尊严。于是苏格拉底从容慷慨地饮下了毒酒。

苏格拉底用他的理性选择——对理想中的正义、法律的尊严的捍卫，胜过了他对死亡的恐惧。

英伦才子阿兰·波德顿在《哲学的慰藉》中描写道："（苏格拉底）泰然伸手拿起那将要结束他生命的毒杯，这既象征着对雅典法律的服从，又象征着对自己内心的召唤始终不渝。现在我们看到的就是生命完成升华的那一刻。"

避免情绪过激，也是领导力的一种

> 人须要温和，不要过度地生气，因为从愤怒中常会产生出对于易怒的人的重大灾祸来。
>
> ——伊索

当个体愿望与需求受到挫折时，人很容易产生诸如愤怒、悲伤、厌恶等不良情绪，这是正常的情绪反应。然而，轻易任情绪毫无节制地流泻，却很有可能造成不可挽回的毁灭性后果。所以，出色的领导总能抑制情绪。

唐太宗李世民凭借着自身的文治武功，被世人颂扬备至。他与一代名臣魏征圣主贤臣相遇的场面，更是一段佳话。然而鲜为人知的是，唐太宗李世民曾几度想要杀掉魏征。

魏征本是隐太子李建成的心腹幕僚，当初在玄武门之变的时候，魏征还曾指挥李建成、李元吉的府兵拼死对抗李世民。李建成死后，魏征被俘虏，魏征见到李世民时还说："我劝太子早点除掉你，他于心不忍，如果他肯听我的话，就不会遭到今日之祸了。"

　　唐太宗李世民听到魏征这样说，认为此人很刚直，不欺瞒，于是便将他赦免，并且封他为詹事主簿，而后又升任为尚书左丞。魏征早有济天下之志，他看李世民如此宽厚、文治武功兼善，确实是世间少有的明主，于是开始忠心耿耿地辅佐李世民。

　　贞观七年（公元 633 年），天下大定。李世民想要效仿古代先王举行一场封禅大典来表彰自己的功绩。朝臣一听，都纷纷赞颂皇帝的决定英明。于是唐太宗便准备吩咐各部官员准备封禅仪式。没想到，魏征此时却大煞风景地唱起反调来。

　　李世民皱起眉头，隐忍着怒意问魏征："爱卿是觉得我的德行、功绩还不足以去泰山吗？"魏征回道："皇上您的功绩举世皆知。"李世民又问："难道现在天下没有平定、百姓不能安居乐业吗？"魏征说："天下虽然已经安定，百姓虽已安居，但是陛下的惠泽还没有遍及天下、百姓也没有全都富足，如何能向天地报告功绩呢？"李世民听了魏征的话，只好闷闷不乐地打消了封禅的想法，但心中却对魏征有所不满。

　　之后的日子里，魏征依然不假辞色，直言不讳地劝谏太宗。一次，李世民终于忍无可忍，气冲冲地回到后宫，对长孙皇后说："朕一定要杀死魏征这个乡巴佬。"长孙皇后抿嘴一笑，对李世民说："皇上何必动怒。魏征如此胆大敢言，正是因为知道您是明君，否则的话，他怎么敢开口呢？臣妾恭喜皇上得此贤臣。"

太宗听了这话，恍然大悟，顿时不再责怪魏征常常与他唱反调，反而格外注意听取他的意见。魏征善谏、李世民善纳，在这种君臣和谐的氛围中，李世民开创了贞观之治。

贞观十七年，魏征病逝于长安。太宗李世民哀恸不已，他评价魏征说："夫以铜为镜，可以正衣冠；以史为镜，可以知兴替；以人为镜，可以明得失。魏征没，朕亡一镜矣！"意思是说，用铜做的镜子，可以帮助人们将衣服穿整齐；以历史作为镜子，可以知道世事的兴衰更替；以人作为镜子，可以知道自己在行事上的得失。魏征去世，我失去了一面镜子！这对于一个谏臣，无疑是最高的评价。

而倘若李世民没有抑制住愤怒的情绪，在对魏征有所不满的时候，轻易地杀掉他，或者不肯听从长孙皇后的劝告，处死了魏征。那么造成的后果便是：一、太宗朝堂不再有直谏之臣，拍马逢迎者充斥朝堂；二、史书会对这件事大书特书，太宗因此留下千古骂名；三、专断的皇权得不到抑制、仅仅凭借太宗个人意志发展国家，唐朝便很有可能重蹈秦王朝二世而亡的覆辙……

事实上，不良情绪是极具破坏力和杀伤力的。而能够驾驭不良情绪，正是出色的领导力的表现。

愤怒的本质是对现状无能为力

> 人的一切痛苦，本质上都是对自己的无能的愤怒。
>
> ——王小波《独自上场》

当我们遇到他人的"冒犯"，遭受"不公"的待遇时，很容易被愤怒的情绪占据头脑。愤怒有积极的一面，它帮助我们勇敢地表达出自己的情绪、坦诚自己的诉求、无惧比我们强大的"敌人"……

然而，经常性地愤怒或者无法驾驭愤怒，却会损害我们的人际关系，伤害我们与亲近的人之间的亲密度，降低他人对我们的评价，此时愤怒就会对我们的生活造成负面效应。

因此，心理学上会将能否控制住自己的愤怒作为衡量人的心理成熟度的一个重要指标。越易怒的人越幼稚，因为愤怒的本质是源于对现实世界失去控制、越是对现状无能为力越容易催生愤怒的情绪。

被称为免疫学之父的爱德华·詹纳以研究及推广牛痘疫苗、防止天花而闻名。他的这一疗法，曾在医疗落后的18世纪拯救了无数英国人的性命。然而，他也曾与愤怒做斗争。

18世纪的英国，天花是一种不治之症，无数的英国人都因此而丧命，詹纳当时在英国全境游学，希望找到能破解天花的办法。一次，他偶然听到挤奶的女工说，得过牛痘的人就不会再得天花，他敏锐地察觉到了其中所蕴含的"生机"。于是对该结论进行多次验证、研究。

经过20年的观察与总结，他确信了得过牛痘的人就不再得天花的事实。他便把自己的研究成果呈给伦敦皇家学会。可是皇家学会认为，他们集中了全国最聪明的人都没能解决问题，一个乡村医生能懂什么。用传染病来预防传染病？这简直是无稽之谈！于是他们驳回了詹纳的论文，并且不承认他的结论。

詹纳收到皇家学会满是嘲讽的回信，他感到非常愤怒，因为这不仅是对他数十年来的研究做出的否定，更是对百姓们的生命的漠视。但他没有选择用任何不理智的行动作为回击。这一次，他开始广泛地利用实验证明自己的结论。

1790年，他大胆地将天花痂皮给得过牛痘的人接种，结果此人果然没有染上天花。他还勇敢地在儿子爱德华身上尝试，结果仍如他所料。

1795年，一位名叫菲普斯的少年接种了詹纳研制的疫苗，这痘浆来自一个正患牛痘的挤奶工尼尔美斯。接种后菲普斯患上了牛痘。等他痊愈以后，詹纳又找来天花病毒进行实验，男孩果然抵御住了天花病毒的攻击。詹纳的理论被这一系列有力的证据所证实。

这次他没有选择继续相信伦敦皇家学会，他选择利用发行小册子的方式，将自己的研究结果宣发到医学界。越来越多的医生被这个证据详实、逻辑严谨的理论所说服，于是詹纳的治疗技术逐渐被广泛推广，越来越多的人因此受益。

如果愤怒对形势于事无补，我们不如化愤怒为行动力。人生不如意之事，十之八九，与其任由愤怒裹挟我们，不如驾驭愤怒，将怒火作为催生结果的催化剂。打败敌人的最好办法不是从言语上击垮他、身体上击败他，而是站在他不可及的高度，俯视他。

多听意见，再做决策

> 应当耐心听取他人的意见，认真考虑指责你的人是否有理。
>
> ——达·芬奇《论绘画》

在没听到不同意见之前，不要做出任何决策。若你在做事时听不到任何反对意见，那是很危险的。我们在对任务的执行落地之时，一定要重视双向信息渠道决策方式，即要树立自己的对立面。

古代英国有一位很伟大的国王叫做亚瑟王，他为了能够听取众人的意见，于是设置了圆桌来举行会议，每次有重大决策时，他都会让骑士们依圆桌而坐，在这张桌子上，不分地位与主次，人人平等。可以说，亚瑟王能成为英国历史上最伟大的国王，和他善于听取他人意见是分不开的。

三国时候，魏文帝曹丕即位后，准备伐吴。起初很顺利，魏军直逼江陵。当时正值长江水浅，江面狭窄之时，夏侯尚企图乘船车，步兵、骑兵驻扎江陵中州，架设浮桥，以便和北岸来往，魏军参与计议的人都认为这样肯定可以攻下江陵。

董昭却上疏说："当年武皇帝（曹操）智勇过人，用兵却格外谨慎，从不敢如我们今天这样轻敌。打仗时，进兵容易，退兵艰难，这是极普通的道理。平原上没有险阻，退兵都很困难，即使要深入进兵，也要考虑撤退之便。如今，在中州驻扎军队，是最深入的进军；在江上架设浮桥来往，是最危险的事；只有一条道路可以通行，是最狭隘的通道。这三条，都犯了兵家大忌，而我们却准备这么做。如果敌人全力攻浮桥，我军稍有疏忽，中州的精锐之师可能就不再是魏的了，而属于吴的了。我对这事十分担忧，寝食难安，而谋划此事的人却坦然不忧，真令人困惑不解！加之长江水位正在上涨，一旦暴涨，我军将如何防攻！即使无法击溃敌军，也应该保全自己，为什么在这样危险的情况下不感到恐惧呢！恳请陛下三思。"

文帝立即下令，命令夏侯尚等人迅速退出中州。吴军两翼并进，魏军大队人马一并退却，挤在一起，短时间内很难退回。最后总算退到了北岸。

此时，吴将潘璋已经扎好芦苇筏子，想要烧魏军的浮桥，恰好夏侯尚率兵退回，才没有得逞。十天过后，江水暴涨，文帝对董昭说："你的预料竟如此准确！"当时又逢上闹瘟疫，文帝于是命令各路兵马撤退。

用兵不是文帝的专长，幸亏他还能听进董昭的反对意见，得以躲过一难。

唐玄宗时期的韩休坚守正道，性情刚直不阿，办事严谨可靠，故被玄宗任命为宰相。有一天，唐玄宗对着镜子，审视自己悻悻不乐的表情。身边侍从过来劝慰："自从韩休当了宰相，皇上就没有过上一天好日子，龙体日渐消瘦，何不把韩休撤职？"

唐玄宗说："我身体虽然瘦了，但老百姓们胖了，天下富了，这不是很好吗？以前宰相萧嵩总顺从我的意思说话，但退朝之后，我总放心不下朝廷的议事，总是失眠。现在韩休任宰相，他与我时常据理相争，使我心宽肚明，我睡觉也就安心了。我重用韩休是为了国家，不是为我个人啊！"

作为皇帝的唐玄宗与唐太宗都深知臣子中顺从者众，而直言进谏者少，太宗重用魏征，玄宗重用韩休，为自己树立个对立面，尽管有些麻烦，但自己却能做出正确的决策。

美国通用汽车公司总裁说过这样的话："在没出现不同意见之前，不要做出任何决策。"这就是著名的"斯隆法则"。

作为企业的最高决策者，或作为一个部门的领导人，一定要重视双向信息渠道决策方式，即要树立自己的反对面。美国总统罗斯福每次做重大决策前，都要先找出异己者，并鼓励他们坚持己见，在深入辩论中求得正确结论。

克制欲望成就事业

人有欲则无刚，刚则不屈于欲。

——朱熹《近思录》

在人生的漫漫征程中，欲望如影随形。它时而似奔腾的洪流，推动我们奋力向前，追逐梦想的璀璨光芒；时而却又如汹涌的漩涡，将我们卷入无尽的深渊，迷失在物欲的丛林。然而，真正的智者懂得克制欲望，在欲望的浪潮中坚守内心的宁静与清明。当我们以理性之锚稳住欲望之舟，方能扬起成就事业的风帆，驶向成功的彼岸。

古往今来，无数仁人志士以克制欲望为基石，铸就了辉煌的事业大厦。他们用行动诠释着克制欲望并非是对自我的压抑，而是一种更高层次的自我实现，是在纷繁世界中找到通往卓越之路的智慧密码。让我们一同探寻克制欲望成就事业的传奇之旅，领略那些在欲望的风暴中坚守初心、勇攀高峰的壮丽篇章。

开悟

　　"千古一帝"秦始皇，横扫六国，一统江山，天下财富皆归于他。为了满足自己的私欲，他大兴土木，建造阿房宫，修造骊山墓，所耗民夫竟达70万人以上。据记载，阿房宫的前殿东西宽达700多米，南北差不多115米。殿门用磁石砌成，目的是防止来人带兵器行刺秦始皇。

　　除此之外，秦始皇单在咸阳周围就建宫殿270多座，在关外的行宫竟有400多座，关内有300多座。

　　这样庞大的工程当然需要大量的劳力、物力、财力。据估算，当时服役的人数远远超过200万人，占当时壮年男子人数的三分之一以上。庞大的工程开支加上庞大的军费开支，造成了"男子力耕不足粮饱，女子纺织不足衣服，竭天下之资财以奉其政"的悲惨局面。民不聊生，百姓们过着痛苦的生活。最终，他的万世皇帝梦只维持了短短15年。

　　古人说："富而好礼，孔子所诲；为富不仁，孟子所戒。盖仁足以长福而消祸，礼足以守成而防败。怙富而好凌人，子羽已窥于子皙；富而不骄者鲜，史鱼深警于公叔。庆封之富，非赏实殃；晏子之富，如帛有幅。去其骄，绝其奢，惩其忿，窒其欲，庶几保九畴之福。"

　　这段话的大意是：富有而爱好礼义，这是孔子对人的教诲；因贪图富贵便不能施行仁义，这是孟子对人的告诫。大凡行仁义的人完全可以保持幸福而消除灾祸，爱好礼义的人完全可以保持已有的成就而防止失败。自恃富有而喜欢欺侮别人，结局不会好，正如子羽已观察到子晳的结局；富有而不骄傲的人很少，史鱼曾对公叔提出深刻的警告。庆封的富有不是上天的赏赐，实为灾祸；晏子的富有如同布帛那样有一定的限度。舍弃骄傲，根除吝啬，控制怒气，节制情欲，这样才能保证享受福分。

齐国原系周室分给功臣姜尚之封邑，姜尚即姜子牙，他是周王朝的开国功臣，为周王朝的兴起立下了不朽之功。周武王将他封在营丘（山东临淄北），国号齐，这里是薄姑之民的故地，也是一股巨大的抗周势力的聚集地。武王让他在这里镇抚薄姑之民，其封疆东至海滨，西至黄河，南至穆陵（山东沂水县北），北至无棣（山东无棣）。齐也是周王室控制东夷的重要力量，同时周王还授予他征伐违抗王室的侯伯的权力。

齐国是一个大国，在诸侯中具有举足轻重的地位，至齐桓公姜小白时，"九会诸侯，一匡天下"，成为公认的霸主，盛极一时。

春秋末年，霸主局面近于尾声，中国逐渐进入一个新的时期，即七雄竞争的战国时代。本来春秋初年的大小诸侯国有一百数十个，后经不断兼并，小国渐被消灭。战国初期，大小国家只余下二十来个，其中又以韩、赵、魏、楚、燕、齐、秦最为强大，号称"战国七雄"。燕、楚、秦是春秋旧国，韩、赵、魏则由瓜分晋国而形成，而这时的齐国，姜氏之国亦大权旁落，渐为卿大夫田氏所控。

春秋初年，陈国发生内乱，公子完奔齐，被任命为工正，这是陈（田）氏立足于齐的开始。在相当长的时间内，田氏与公室关系非常密切。后来，由于齐国奴隶和平民反对奴隶主和公室的斗争广泛开展，旧制度和公室的灭亡已成必然的趋势。田氏适应形势的发展，走向背离公室的道路。代表新兴势力的田氏家族，采用施恩授惠的手段，与"公室"展开争夺民众的斗争。可是，齐国的旧势力并不甘心退出历史舞台，以田氏为首的新兴势力不得不以暴力手段对旧势力展开了猛烈的进攻，于是出现了三次大规模的武装斗争。

在公元前545年，田氏曾孙联合鲍氏以及大族栾氏、高氏合力在齐灭了当国的庆氏，之后田氏、鲍氏又共灭栾、高二氏。田桓子继而讨好公族与国人，他规定，那些作为贵族的公子、公孙，如果没有固定的"禄"，就要分给他们一些采邑来供养他们的生活；而国人之中如果有贫困、孤寡的，就要给他们粮食，这样，所有人都支持他。

等到了齐景公的时候，公室日益腐化，剥削日益严重了。田桓子之子田乞，即田僖子，采取了一些争取民心的有效措施。他用大斗借出，小斗回收，于是"齐之民归之如流水"，田氏借此增强了势力。这就是所谓"公弃其民，而归于田氏"。田僖子与齐旧贵族国惠子、高昭子产生了严重的矛盾，国、高二氏当权，田氏在表面上尽职于齐国公族，"伪事高、国者"，暗地里却组织力量，准备推翻国、高二氏。

公元前489年，齐景公死，田氏发动政变掌握了齐国政权。

同时，田氏还采取了一些利民政策，使民心归附田氏，而重敛于民的"公室"却逐渐被抽空了。

田乞死后，其子田恒（田常）代立为齐相，是为田成子。田成子继续采用田僖子所制定的政策，用大斗出、小斗进的办法大力争取民众。田氏暗地里实行笼络百姓的办法，取得了极好的效果。当时流传的民谣唱道："妪乎采芑，归乎田成子。"田氏的这种做法，如果只是赢得民心，而没有一定的政治和军事实力的话，最终也只能是竹篮打水一场空。所以，这种大斗出、小斗进的补贴平民的办法，是在拼家底，用自己的老本来积攒政治资源，这种做法，是一种带有很大投机性的赌博。

公元前481年，田成子发动武装政变，在民众的支持下，以武力战胜齐简公亲信监止，监止、齐简公出逃，后被杀死。从此以后，田氏成了齐国实际上的国君。

公元前386年，周室册封田和为齐侯，正式将他列为诸侯。过了几年齐康公病逝，姜氏在齐国的统治结束，齐国全部为田氏所统治，史称"田氏代齐"。因为仅国君易姓，国名并未改变，故战国时代的齐国往往被称为"田齐"。

为富者，把财富看得比什么都紧要，总有一天会成为财富食人花的养料；有权者，脚踩他人身体继续向上爬，亦要小心登高跌重。道德经有云："天之道，损有余而补不足。"想要成就事业，就需要克制欲望，过满则溢。

修剪内心之欲

> 我们应该将自己对快乐、财富、地位、荣誉等事物的渴望控制在一个合理范围内，因为巨大的不幸正是这些渴望及对它们的追逐导致的。
>
> ——阿图尔·叔本华《人生的智慧》

在人生的广袤舞台上，我们每个人都在演绎着属于自己的故事。然而，在这精彩纷呈的旅程中，有一种力量常常被我们忽视，却又至关重要——那便是节制内心之欲。

欲望，如同奔腾的洪流，若任其肆意泛滥，便会冲垮我们心灵的堤坝，让我们在物欲的漩涡中迷失方向。但当我们学会节制欲望，就如同为这股洪流筑起坚固的堤坝，引导它朝着正确的方向流淌。

节制内心之欲，不是对自我的压抑，而是一种智慧的抉择，一种对生活更高层次的领悟。它让我们在纷繁复杂的世界中，保持内心的宁静与清明，坚守真正的价值与信仰。

索提那克法师在曼谷的寺庙做住持之时，有一个富豪前来拜见他，向他倾吐心中的烦恼，富豪对索提那克法师说："法师，即使我已经拥有了许多财富，拥有了幸福的家庭，做到了绝大多数人所认为的'成功'，为什么我仍然觉得内心受到欲望之火的煎熬，而且这火永不止息呢？我还缺乏什么吗？我应当如何止息欲望呢？"

　　索提那克法师听了富豪的话，便带着他来到寺庙后院的花园。花园中有许多被修剪得形状各异的灌木。索提那克法师对富豪说："施主可看到面前的灌木？这里又叫欲望之林。如果你想要克制欲望，不妨常来这里修剪灌木，你可以选择一棵你认为投缘的灌木，每当受欲望的困扰，就来修剪它。"

　　富豪向寺中僧人索要了一把剪刀，便开始修剪灌木。在修剪灌木的时候，他忙着留心灌木的形状，果然忘记了俗世的烦忧。此后，他每受欲望煎熬之时，便来修剪灌木，觉得内心清静了，就再下山去。

　　过了一段时间，富豪的灌木渐渐有了整齐的形状，然而他还是没能忘却内心的欲望，于是富豪又来找索提那克法师，他对法师说："法师，您先前教我的修剪灌木之法，先前是管用的，每当我修剪灌木的时候，我只关注于灌木，果然忘记了世俗的烦忧，然而当我走下山去，回到生意场上，那些名利心、世俗之欲又纷然而至，我仍不堪其扰。"

　　索提那克法师说："施主在修剪灌木之时，除收获了内心的

安宁外，可曾收获一些其他的领悟？"富豪道："弟子愚钝，还请法师开示。"索提那克法师说道："欲望如同灌木树枝，要想消灭欲望，除非灌木死去，除此以外，我们只能不断修剪它，让它保持我们想要的形状。"富豪果然领悟，从此以后不再为欲望而烦恼。

人的欲望是无穷无尽的，然而如果任由欲望的流动而不去修剪它，它就会像藤蔓一样，枝节旁生，包裹着我们，使我们喘不过气来。逐渐淹没于欲望之中。

纣王狩猎到一头大象，他便用象牙打造了一双精美的筷子，箕子进谏他说，"用象牙筷子有碍于朝政。"纣王觉得箕子小题大做，对他的劝谏不予理睬。

然而，没过多久，纣王就觉得陶牒、木桌已经不能匹配象牙筷子了，于是又命人用犀牛角和玉石打造了新的餐具，还命人做了用金子、宝石装饰的桌子。

有了精美的餐具，纣王又觉得寻常的饮食已经配不上精美的餐具了，于是又开始搜罗起山珍海味，来配上他精美的餐具。

紧接着，纣王因为每天都享用着玉盘珍馐，又开始不满足于他现有的衣饰了。他开始广纳绫罗绸缎、建筑高台华屋、网罗天下的美人充盈他的后宫。有谁胆敢不满足他的欲望，他就施以极刑处置他们。然而，反抗的人越多，纣王就越觉得是自己的刑罚不够可怖，于是便发明出了"剖心挖肺""炮烙之刑"。

百姓们要么服苦役，要么死于纣王的残暴刑罚，简直没有活路，纣王因此激起了民怨民愤。各路诸侯纷纷起兵造反，很快烽火便传遍了全国，他们势必要推翻纣王的残暴统治，也要让纣王尝尝自己发明的刑罚，而这一切的起因都是因为一双象牙筷子。

实际上，人的祸患常常源自于无限扩大的欲望，然而，要想彻底消灭人的欲望，也是不可能的。人自诞生起，就有生之欲、爱之欲……

正如无尽禅师之佛偈："一池荷叶衣无尽，数树松花食有余。深恐世人知住处，为移茅舍入深居。"只要有一池之荷叶，便有遮羞之衣；树上但凡有松花，吃的东西便足够；若是定力不够，害怕被世俗扰乱修行，隐居山中即可免去烦恼……

人生是一场修行，但谁人能做到纤尘不染？如果过分执着于消灭欲望，只会让自己内心的包袱越来越重。正确对待欲望的方式如同治理黄河，千百年来，凡是以"堵"为方针的治理方法，即使一时奏效，最终带来的却是更加迅猛的决堤。而以"疏导"为方针的治理方法，却能帮助黄河改道、降低损失。

人的欲望也是如此，与其空费精力全面压制欲望不如学会修剪欲望，保留合理的欲望，去除过分的欲望。形形色色的"欲"，未尝不是人性的一部分。

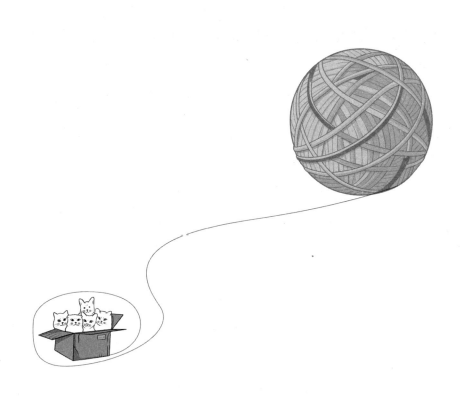

第四章

懂得取舍，放下心内的包袱

　　经济学家巴莱多认为，任何一组东西之中，最重要的大概只占其中的 20%，尽管剩余的 80% 是多数，却居于次要地位，因此这个定律又被称为二八定律，又叫巴莱多定律。事实上，这个定律不只适用于经济学，也适用于生活当中，我们不必过分夸大每件事对我们的重要性和影响力，要善于取舍、筛选出真正影响我们生活的关键事件。

舍弃是选择的另一种表达

> 得放手时须放手，得饶人处且饶人。
>
> ——关汉卿《窦娥冤》

行至水穷处，坐看云起时，古今多少事，都付笑谈中。敢于舍弃是一种睿智，它可以放飞心灵，还原本性，使我们真实地享受人生；敢于舍弃是一种选择，没有明智的舍弃就不可能拥有辉煌的人生。舍弃绝不是毫无主见、随波逐流，更不是知难而退，而是一种寻求主动、积极进取的人生态度。况且有些事情舍弃了并不等于失去。当我们放下对梦的追求，回归现实，我们会发现那美好的一天正等待着我们，一扇通往未来的大门正为我们敞开。

两个贫苦的樵夫靠上山捡柴糊口。有一天，他们在山里发现两大包棉花，两人喜出望外。棉花价格高过柴薪数倍，将这两包棉花卖掉，足可供家人一个月衣食无忧。当下两人各自背了一包棉花，赶路回家。

走着走着，其中一名樵夫眼尖，看到山路上扔着一大捆布，走近细看，竟是上等的细麻布，足足有十多匹。他欣喜之余，和同伴商量，一同放下背负的棉花，改背麻布回家。他的同伴却有不同的看法，认为自己背着棉花已走了一大段路，到了这里丢下棉花，岂不枉费自己先前的辛苦，坚持不愿换麻布。先发现麻布的樵夫屡劝同伴不听，只得自己竭尽所能地背起麻布，继续前进。

又走了一段路后，背麻布的樵夫望见林中闪闪发光，走近一看，地上竟然散落着数坛黄金，心想这下真的发财了，赶忙邀同伴放下肩头的棉花，改用挑柴的扁担挑黄金。他的同伴仍不愿丢下棉花，还是枉费辛苦的论调，并且怀疑那些黄金是不是真的，劝他不要白费力气，免得到头来空欢喜一场。发现黄金的樵夫只好自己挑了两坛黄金，和背棉花的伙伴赶路回家。

两人走到山下时，无缘无故下了一场大雨，两人在空旷处被淋了个透。更不幸的是，背棉花的樵夫背上的大包棉花，吸饱了雨水，重得已无法背动。那樵夫不得已，只能丢下一路辛苦舍不得放弃的棉花，空着手和挑金子的同伴回家去。

面对来临的机会，人们常有不同的选择方式。有的人会审时度势，果断放弃之前的选择，做出目前情况下更有利的选择；而有的人却像骡子一样，固执地不肯接受任何改变。有时不切实际地一味执着，是一种愚昧与无知，而舍弃则是一种智慧。

在人生的每一个关键时刻，应审慎地运用智慧，从各个不同的角度全面研究问题，放下心中的我执，冷静地做出最正确的选择，同时别忘了及时审视选择的角度，适时调整。要学会放宽心胸做事。

有一只猩猩，手里抓了一把豆子，高高兴兴地在路上一蹦一跳地走着。一不留神，手中的豆子滚落了一颗在地上。为了这颗掉落的豆子，猩猩马上将手中其余的豆子全部放置在路旁，趴在地上，转来转去，东寻西找，却始终不见那一颗豆子的踪影。最后，猩猩只好用手拍拍身上的灰土，回头准备拿取原先放置在一旁的豆子。怎知那颗掉落的豆子没找到，原先的那一把豆子却全部被路旁的鸡、鸭吃得一颗也不剩了。

有时候，人们为了得到更多，而失去了不该失去的东西。想想我们现在，是否也忽略了本来拥有的一切，却偏偏去追求几乎是华而不实的东西？越是得不到，心中的执念也就越深，反而对自己的生活更加不满意。这时我们更要学会运用取舍思维，勇于放弃。

取与舍是一对矛盾的统一体。没有放弃就没有获取，得到的同时必然也会失去。学会选择，懂得适时舍弃是真正的智慧之道。舍弃是智者面对生活的明智选择，只有懂得舍弃的人才可能如鱼得水。

人的一生就如同演戏，对于每个人来说自己都是自己人生当中的导演，只有学会选择和懂得舍与得的人才能创作出精彩的电影，拥有美好的人生。人生短暂，与浩瀚的历史长河相比，世间一切恩恩怨怨、功名利禄皆为短暂的一瞬。得意与失意，在人的一生中也只是短短的一瞬。

"浪费"有时是一种及时止损

> 舍舍得得、得得舍舍就充满在我们琐碎的日常生活中，演绎着成功和失败的故事啊，舍得实在是一种哲学，也是一种艺术。
>
> ——贾平凹《自在独行》

经济学中有个很经典的概念叫做"沉没成本"，是指已经投入的、无法收回的资源。在心理学上，也有"沉没成本效应"，人们因为不愿意放弃前期投入的大量成本（包括时间、金钱、精力等），而不愿意改变某项决策，即便这项决策看起来并不明智，或者随着时间的推移已经并不具有完成性。

也许许多人对于沉没成本这个概念很陌生，但是你一定见过这些场景或者听过这些故事：

有人买了两筐苹果，结果有一筐苹果开始腐烂，于是这人为了止损，避免更多的苹果坏掉，就先从坏掉的苹果吃起，结果没等这筐坏掉的苹果吃完，原本新鲜的那筐苹果也坏掉了。这样，挽救损失不成，反而花两筐好苹果的钱，吃到了两筐坏

苹果，如果一开始就从新鲜的苹果吃起呢？

生活中这样的例子屡见不鲜。本着节省的原则，反而造成了更大的浪费。实际上，有时候适时放弃沉没成本，反而不失为止损之道。

最近网络上还流行着一个非常离奇的小故事，一位八十岁的老人凭借一己之力，"放倒"了全村的人，这是怎么回事呢？

原来这位老人不小心碰洒了架子上的老鼠药，药粉竟洒到了下面的米袋中。老人看药洒的不多，也没在意，淘了几遍米，继续焖米饭。没想到，这顿饭直接把他和老伴吃进了医院。老伴由于有其他基础病，身体本身就虚弱，于是没有抢救过来离世了。而他本人经历了洗胃、住院等多番折腾，总算出院了。回到家中，看着孤零零的家，他也是百感交集。可是这毒大米怎么办呢？人吃不得，给鸡吃吧！于是他又反反复复洗了米，拿大米喂了鸡。

凑巧的是，老伴的葬礼恰巧是这天。为了办酒席，孩子们就把鸡给杀了。这下可好，全村人都因为吃了残留有鼠药毒性的鸡肉，进了医院。

这是生活中的小事、生活中的常事，可是却暗含经济学的道理。就如同股票市场上的股民因舍不得亏损而被套牢；企业因舍不得前期投入的资金或当前的利润而迟迟不肯转型、最后随产业一起走向夕阳……

人生路上也是这样，要有敢于浪费的勇气。对人生路上的大事做决策时，不妨采用投资思维。

1. 价值投资

经济学认为，我们做出的每一笔投资，重点不在于当前收益，而在于我们所投资的项目和企业的前景如何。同样，我们做出人生决策也是这样，不要考虑这个决策在当下是否是对的，决策要有前瞻性。

2. 保住本金

股神巴菲特有三句在投资界广为人知的名言："成功的秘诀有三条：第一，尽量避免风险，保住本金；第二，尽量避免风险，保住本金；第三，坚决牢记前两条。"正所谓"触底反弹"，在我们的人生决策中，只要事情的结果不会比今天更糟，我们就可大胆决策。同样，如果做出的决策是需要我们孤注一掷、一旦失败就会血本无归的时候，此时就是过于冒进了，我们要想想是否有承担此种后果的勇气。

3. 长期投资

正所谓人无远虑，必有近忧。首先需要明白决策需要看"长期收益"，就拿学生报考志愿来说，有经验的老师从来不会指导学生选择当前大热门的专业，他会通过长期风险评估来判断出学生毕业之后的就业前景。我们做人生决策也是这样，不要只顾着眼前，要根据客观远景做出判断。

4. 风险预期

此原理和"保住本金"有些类似，在投资者眼里，用一定资金做投资，如果没能获取一定的收益，本身就是亏损的。此思维引入我们的决策中，提醒我们，在做出决策时，应当想好我们能承受的后果的底线在哪儿，如果一旦到达这个底线，即使前期再多投入，也应该即使撤出，以免被"套牢"。

给人生做减法

> 我们要这样询问自己："你有必要做这样一件事情吗？"以节省我们的生命和精力。
>
> ——梭罗《瓦尔登湖》

我们常常被人间琐碎所困扰、所消耗，总觉得尘事冗余，身困其中疲累万分，其实，人生非做不可之事少之又少。仔细琢磨，除了吃喝，又有多少事是维持生活所必需？所以，有时候，我们不妨放下心中的包袱、解开内心的枷锁，除了生死，人间又有什么大事呢？

我们要学会为自己的内心减重，给人生做减法。将那些令我们感到负重的东西暂且抛弃，你将会打开新世界的大门。14 世纪最具智慧的修士奥卡姆曾提出"如无必要，勿增实体"，这便是减法哲学的核心要义。这一原则，后被称为奥卡姆剃刀定律，又叫简单性原则。具体来说，这一原则放置于生活、工作中，就是"不要给自己找麻烦"。

这句话似乎简单到不可思议。会有人给自己找麻烦吗？许多人都有这样的疑问。实际上，不懂得给生活做减法的人，不可避免地会给自己找麻烦。

"这句话我说得妥当吗？是否引起了误会？"

"这件事我办得完美吗？是不是没能做到最好？"

"早知道我应该如此做，怎么当时就那样做了？"

......

这些念头萦绕我们的脑海，让我们完全无法专心去做自己的事。

"为了拿下这个项目，我必须去参加这场酒局。"

"这个工作必须有某个证书才能胜任，我要先考取证书。"

"如果我没有这些奢侈品，人们就会看轻我。"

......

这些或犹疑或误解的念头，驱使我们做出了许多非必要的行为，增加了许多不必要的负担。

我们为何不可避免地产生这些念头，或者在意这些"无足轻重的小事"？幸运的是，这并不来源于我们的个性或性格，而是由于世界在"熵增原理"的"统治"之下。"熵"这个概念来自热力学，它是表示分子热运动混乱程度的量。简单来说，熵越大，标志的运动越混乱。我们的生活也是这样，想做的事越多、想占有的东西越多，就越容易引起混乱，这也是我们提倡减法哲学的根本依据。

想法多了，就会引起精神世界的混乱，即产生"精神熵"。而对抗精神熵的最好方法就是"觉知"，首先我们要意识到内心世界的混乱状态，其次，可以使用诸如"冥想""正念""运动"等辅助性思维工具来帮助我们调整心理状态。

在这里，需要解释一下运动为什么是"辅助性思维工具"。我们获得愉悦感主要依赖两种激素：多巴胺和内啡肽。我们在得到即时奖励（吃美食、谈恋爱）时，感受到的快乐多半是多巴胺在发挥作用。而运动则会刺激内啡肽的分泌，内啡肽带来的愉悦持续时间更长，我们的情绪也会更加镇静，它也更加能够提升我们内心的满足感，因而内啡肽带来的快乐是更高质的快乐。当我们运动过后，内心的杂念会更少，我们的思维模式会更加趋向理智，所以运动也是减少精神熵的一个好方法。

除了要管理精神熵。我们还应该进行注意力管理。对于已经发生的事，我们要关注的是它所造成的后果，而不是悔恨、纠结事物的原因。对于未发生的事，我们要足够警惕却不要过分焦虑。今天握持着修正昨天、建立明天的钥匙，只要我们仍然在此时此刻，一切就都来得及。

所以，我们应该学会只在乎今天的事，只在乎当下的事，只在乎眼前最为紧急的事。诚然，需要我们去完成的事有很多，我们渴望拥有的东西也很多，但是总将这些挂在心头，只会使人平添焦虑，倒不如学会过一个快乐的减法人生。

对选择感到困难的本质是对机会成本更敏感

> 贪吝常常产生各种对立的效果：许多人为了某些可疑和遥远的期望牺牲他们的所有财产；另一些人却为了现在的蝇头微利而轻视将要来临的重大利益。
>
> ——拉罗什科夫《箴言录》

阳光明媚的午后，好不容易处理完公司的财务报告，喝杯下午茶休息一下吧，来点甜点怎么样，此时纠结的念头涌上心头：选择豆沙糕还是巧克力薄饼？"豆沙糕还是巧克力薄饼"问题类似于古老的"鱼还是熊掌"。我们也许会向一些好友倾诉：我好像有选择困难症，怎么连吃什么都要纠结半天？

被这个问题难住的人里面，你不会是第一个，也可能不会是最后一个。甚至有许多数学家都为此苦恼不已。当罗素·克劳（电影《美丽心灵》的男主角）会见约翰·纳什（纳什均衡的创立者，诺贝尔经济学奖获得者）时，纳什是花了15分钟的时间来决定"是喝茶还是喝咖啡"这个问题的。

决定要豆沙糕还是巧克力薄饼、茶还是咖啡、鱼还是熊掌，需要我们仔细地加以考虑。要想圆满地回答这个问题，我们先得了解一个经济学概念：机会成本。

日常生活中我们所说的成本一般是会计成本，是可以用来做加减乘除的，其特点是现实存在的、已经发生的、我们可以加以利用的，和生产和消费有直接的关联。而经济学家更加看重机会成本，它是指除了现在的行动外的最佳选择能实现的价值。

我们都知道，用现有资源做一件事就不能做其他事了，这些资源就是机会舍弃。就是我们说的"有得必有失"。比如一个人有一块土地，他可以用来种小麦、种蔬菜、养猪。假设这块地种小麦的收益是100元，种蔬菜的收益是150元，养猪的收益是200元。

如果他拿这块地用来种蔬菜了，相应地，他就没法去种小麦或养猪，那么他种蔬菜的成本是多少呢？是150元吗？不是，150元只是会计成本，真正的成本是200元，即他舍弃的另外两个项目中价值最大的那一个项目的价值！

此外，机会必须是你可选择的项目。若不是你可选择的项目便不是属于你的机会。比如农民只会种小麦、种蔬菜和养猪，搞房地产就不是农民的机会；又比如你只想吃豆沙糕或者巧克力薄饼，那么油条就永远成不了你的机会。

再者，机会成本必须是指放弃的机会中收益最高的项目。放弃的机会中收益最高的项目才是机会成本，即机会成本不是放弃项目的收益总和。例如农民只能在种小麦、种蔬菜和养猪中选择一个，三者的收益关系为：养猪＞种蔬菜＞种小麦，则种小麦和种蔬菜的机会成本都是养猪，而养猪的机会成本仅为种蔬菜。

同理，经济学上的利润跟会计利润也不相同。会计利润是全部收入减去会计成本。经济利润是全部收入减去经济成本，即减去机会成本。可见，如果农民把地用来种蔬菜或种小麦，他的经济利润是负的，只有把地用来养猪，他才能获得利润。

而那些对做出选择表现得十分困难的人，往往是舍不得放弃机会成本的人。事实上，生活并不如同于商场博弈，选择绿豆糕和巧克力薄饼很多时候并不是非得二选一不可。

在经济学的决策中，我们的确需要衡量机会成本，从而尽量将决策做到理智精确，但生活的中许多事其实是无需纠结的。过高地估计选择的后果，一方面是对我们心力的一种浪费，另一方面会让我们失去挑战未知的勇气。

所以，虽然"选择困难"符合经济学的智慧，但我们还是要逐渐改变这种状况，把生活过得果断而高效。

水满则溢，过犹不及

> 处事留有余地步，发言留有限包涵，切不可做到十分，说到十分。
>
> ——胡达源《弟子箴言》

中国的传统哲学提倡"中庸""克己"，其目的就是为了避免行事过度，引起不良后果。正所谓"过犹不及"，一件事如果做过头了，那么几乎和没做到位是一样的效果。

中国的寓言中，有一则"升米恩斗米仇"的故事，大概是说，灾荒之年，用一升米救旁人之命，旁人会感激你，你用一斗米给他做来年种地的种子，他反而开始怨恨起你给的不够了。所以，人应当学会节制，当行则行，当止则止。

有一次，孔子带领弟子们在鲁桓公的庙堂里参观，看到一个特别容易倾斜翻倒的器物。孔子围着它转了好几圈，左看看，右看看，还用手摸摸、转动转动，却始终拿不准它究竟是干什么用的。于是，孔子问守庙的人："这是什么器物？"

守庙的人回答说:"这是君王放在座位右边警戒自己的器皿。"孔子恍然大悟,说:"我听说过这种器物。它什么也不装时就倾斜,装物适中就端端正正,装满了就翻倒。君王把它当作自己最好的警戒物,所以总放在座位旁边。"

孔子忙回头对弟子说:"把水倒进去,试验一下。"子路忙去取了水,慢慢地往里倒。刚倒一点儿水,它还是倾斜的;倒了适量的水,它就正立;倒满水,松开手后,它又翻了,多余的水都洒了出来。孔子慨叹说:"哎呀!我明白了,哪有装满了却不倒的东西呢?"

子路走上前去,说:"请问先生,有保持满而不倒的方法吗?"孔子不慌不忙地说:"聪明睿智,用愚笨来调节;功盖天下,用退让来调节;威猛无比,用怯弱来调节;富甲四海,用谦恭来调节。这就是损抑过分,达到适中状态的方法。"

子路听后连连点头,接着又问道:"古时候的帝王除了在座位旁边放置这种器皿警示自己,还采取什么措施来防止自己的行为过火呢?"

孔子侃侃而谈:"上天生了老百姓又定下他们的国君,让他治理老百姓,不让百姓失去天性。国君又为他自己设置辅佐,让辅佐的人教导、保护他,不让他做事过分。因此,天子有公,诸侯有卿,卿设置侧室之官,大夫有副手,士人有朋友,平民、工、商,乃至干杂役的皂隶、放牛马的牧童,都有亲近的人来相互辅佐。有功劳就奖赏,有错误就纠正,有危难就救援,有过失就更改。自天子以下，人各有父兄子弟来观察、补救他的得失。太史记载史册，乐师写作诗歌，乐工诵读箴谏，大夫规劝开导，士人传话，平民提建议，商人在市场上议论，各种工匠呈献技艺。各种身份的人用不同的方式进行劝谏，从而使国君不至于骑在老百姓头上任意妄为，放纵他的邪恶。"

子路仍然追问："先生，您能不能举出个具体的人物来？"

孔子回答道："卫武公就是一个最典型的人物。他九十五岁时，曾对全国下令：'从卿以下的各级官吏，只要是拿着国家的俸禄、正在官位上的，不要认为我昏庸老朽就丢开我不管，一定要不断地劝诫、开导我。我乘车时，护卫在旁边的警卫人员应规劝我；我在朝堂上时，应让我看前代的典章制度；我伏案工作时，应设置座右铭来提醒我；我在寝宫休息时，左右侍从人员应告诫我；我处理政务时，应有瞽、史之类的人开导我；我闲居无事时，应让我听听百工的讽谏。'他时常用这些话来警策自己，使自己的言行不至于走极端。"

水满了就会溢出来，事情做过头了，就和没有做到位的效果是一样的。因此，一个人无论做什么事，都要持盈若亏，要注意调节自己，使自己的一言一行能够恰到好处。古今中外，那些恃才傲物、好大喜功，不明白见好就收，不知道"水满则溢、月满则亏"道理的人屡见不鲜，这样的人往往不会取得成功，甚至会因此而断送自己的性命。

据说清朝慈禧太后很喜欢下围棋，尽管棋艺不高，却最嫉恨别人赢她。像总管太监李莲英那样的人，因为知道慈禧太后的脾气，但凡与之对弈，总是先假装与之鏖战，经过几次跌宕起伏的搏杀之后，故意露个破绽，让老佛爷获胜。因此，这帮人虽陪侍慈禧太后多年，却安然无恙。可是，一些初来乍到的小太监却不懂得这一套处世的道理，常常把慈禧打得落花流水，以致触怒慈禧，遭受处罚，甚至送了性命。

有一次，一位十几岁的小太监奉命陪太后下棋。开始的时候，那位小太监因为地位悬殊还有点胆怯，不敢抬眼正视太后。可是，下着下着，他的心思就完全转移到棋局之中，而把周围所有的事都忘在脑后了。慈禧太后因为要考虑国家大事，心思本来就不在棋盘上，正在因为内忧外患而窝着火呢。这时这个小太监趁慈禧太后分神的时候，钻了一个空子，一下子把太后的棋子吃掉了一大片。小太监当时一高兴，禁不住拍手叫好："您这片儿全完了！"慈禧太后一听，勃然大怒，小太监也就一命呜呼了！

一个才智超群的人，本来应该保持谦恭有礼、不露锋芒的态度，可是，很多人反而夸耀自己的本领如何高强，这种人表面上看起来好像很聪明，其实他的言行跟缺乏知识的人没有不同，他的事业怎能不失败？

学会放下，避开人性陷阱

> 或许，为了获得机遇而想入非非实际上是计划时琢磨再三。但如果计划果真存在，那它一定力求显得自然和偶然，这样才能把我们诱入它的网中。
>
> ——玛丽·麦卡锡《恰恰相反》

1971 年，美国博弈论专家苏比克在一篇论文中讨论了"美元拍卖"。在论文中，苏比克称这个游戏是"极为简单，极有娱乐性和启发性的客厅游戏"。游戏中一张 1 美元纸币被当众拍卖，规则有两条：

1. 钞票归报价最高者。新的报价必须高于上一次报价，在规定时限内没有新的报价则拍卖结束。（同任何拍卖一样）

2. 报出第二个最高价者也要付出他最后一次报价的款项，但什么也得不到。你当然不想成为这样的人。（不同于索斯比拍卖行的规则）

这两条规则很快让大家发疯了。所有人都希望以 1 美分的代价得到它，所以许多人都喊1美分。现在任何人都可以以2美分的代价得到它，这仍然比曼哈顿银行的利率高许多，所以有人喊2美分，不喊才蠢呢。第二次报价让第一个报价的人处于不舒服的地位，因为他成了次高报价者。如果拍卖这时结束，他将要白白付出1美分，所以他特别有理由报出一个新的价——"3美分"，如此等等。

在报价达到1美元这个关卡以后，出现了停顿，人们开始犹豫。然后速度又突然加快，进入决斗状态，直到紧张空气弥漫，竞拍又慢了下来，205美分，最后逐渐平息。苏比克的报告说："这个博弈的实验证明，可以以远远多于1美元的价格'卖出'一张1美元纸币，总的支付金额在3—5美元是极普通的事。"想拍卖钱的人几乎屡试不爽地从这个拍卖会里"赚到钱"。它是一个具体而微的人生陷阱，参与竞价的人在这个陷阱里越陷越深，不能自拔，最后都付出了惨痛的代价。

自古以来，人类为捕杀动物所设的陷阱，通常有下列3个特征：

1. 有一个明显的诱饵。

2. 通往诱饵之路是单向的，可进不可出的。

3. 越想挣脱，就越陷越深。人生道路上的大小陷阱多少也与此类似。

社会心理学家泰格曾对参加"美元拍卖"游戏的人加以分析，结果发现掉入"陷阱"的人通常有两个动机，一是经济上的，二是人际关系上的。经济动机包括渴望赢得那 1 美元、想赢回他的损失、想避免更多的损失；人际动机包括渴望挽回面子、证明自己是最好的玩家及处罚对手等。

　　1 美元就是一个明显的诱饵。开始时，大家都想以廉价而容易的方式去赢得它，希望自己所出的价码是最后的价码。大家都这么想，就会不断地互相竞价。当进行一段时间后，也就是出价相当高时，相持不下的两人都发现自己掉进了一个陷阱中，但已不能全身而退，他们都已投资了相当多，只有再增加投资以期挣脱困境。

　　当出价等于"奖金"时，竞争者开始感到焦虑、不安，自己的"愚蠢"，但已身不由己。当出价高过奖金时，不管自己再怎么努力都是"损失者"。不过，为了挽回面子或处罚对方，他不惜"牺牲"地再抬高价码，好让"对手损失得更惨重"。

　　人生到处有陷阱。在日常生活里，大至商场上的竞争，小至等候公交车，都有陷阱在等待着我们。譬如公交车平常是十五分钟一班，当我们花在等待上的时间超过十分钟后，我们就会开始烦躁不安，但通常我们会继续等下去。等到超过十五分钟公交车还不来时，我们除了咒骂，还开始感到后悔——我们应该在十五分钟前就走路或坐出租车去的。但通常我们还会继续等下去，因为我们已"投资了那么多的时间"，不甘心现在改坐出租车，结果就越陷越深，无法自拔，直到公交车姗姗来迟，我们心理的困境才获得解脱。

但人生有很多目标，并不像公交车那样"必定会来临"，而且投资的也不是我们个人的时间。如何避免踏入陷阱是一门不小的学问。心理学家鲁宾的建议是：

①确立你投入的极限及预先的约定：譬如投资多少钱或多少时间。

②极限一经确立，就要坚持到底：譬如邀约异性，自我约定"一次拒绝就放弃"，不可改为"五次里面有三次拒绝才放弃"。

③自己打定主意，不必看别人：事实证明，两个陌生人在一起等公交车，"脱身"的机会就大为减少，因为"别人也在等"。

④提醒自己继续投入的代价。

⑤保持警觉。这些方法大家也许都知道，但"知易行难"，一旦掉进人生的陷阱，抽身是不太容易的。

在人生路上，最重要的就是学会取舍，能够放下，一旦陷入"先前投入"的陷阱，不能舍得、不能放下，招致的后果则是扩大损失。人生路上，执着固然重要，但是在一味鼓吹"执着"的年代，能够及时放下的才是真智者。

第五章

接纳世界，对抗风暴的人生态度

　　婴儿时期的人类，由于父母的无限宠爱和无条件满足他们的需求，他们总会以为自己是全能的造物主，而成长的标志就在于能够坦然接纳自己的无知与无能，并且在此基础之上，规避自己不擅长的，而将自己所擅长的发挥到极致。接纳不完美的世界、接纳不完美的自己，这是对抗风暴的人生态度。迎难直上固然壮烈，柳暗花明亦能够抵达佳境。

幸福来源于感知

> 一个愉快的人总有他高兴愉快的原因，原因就是：他是一个愉快的人。谁经常笑，谁就是幸福的；谁经常哭，谁就是痛苦不幸的。我们的幸福取决于我们的愉快情绪，而愉快情绪又取决于我们身体的健康状况。
>
> ——阿图尔·叔本华《人生的智慧》

人类孜孜以求于名利、财富、地位、友谊、爱情、家庭，其背后的最终驱力仍旧是对"幸福感"的追寻。正是对幸福感的渴求，使我们永不满足于当前的成就，而不断向着更高的山峰攀越；永不停止前进的步伐，而向着更加美好的远方不断奔波。

然而，幸福却像个善于玩弄它的追寻者的谜语，无论我们花费了多少力气，它却永远不肯揭示答案给我们，仿佛它的下一张面纱，仍在拐角处。我们需要再前进一步才能获得它。

如果你被对幸福的渴求驱使着不断向前，那么你就陷入了一个思维误区：幸福源于得到更好的。在这样的思维误区的影响下你将很难得到幸福，无论你所获得的成功在他人眼里是多么的不可思议。

实际上，真正的幸福来源于被感知。哈里·爱默生·佛斯狄克认为："真正的快乐未必是愉悦的，它多半是某种胜利的感觉。"那么这场战争的参与者是谁？并不是自我和他人，而应当是今日之我与昨日之我。换句话说，只要今天的我能够比昨天的我更快乐，我便是幸福的。

归根到底，幸福在于感知，而不在于你拥有多少东西。当你饥肠辘辘之时，一碗热气腾腾的清汤面，经由舌尖抵达肺腑的时候，你是否感到幸福从心间升腾上来呢？

当你吃得再也吃不下的时候，即使是古代的食神在世，能再引动你的味蕾吗？其间的道理就在于：幸福并非建立在拥有的东西是多还是少上，而是建立在你能否满足于你所拥有之物，你能否从你所拥有之物中感到知足上。

有一位年轻人在废弃的旧建筑里放声大哭，他的脚下全是酒瓶和烟头，他准备就此结束自己的生命，因为自己刚刚经历创业失败，负债千万，他想不到自己的出路，觉得自己痛苦极了。

这时一位捡拾废品的老人也来到了这里，原来角落里竟然是他安的家。他看出年轻人正在遭受着巨大的心理打击。于是他来到年轻人身边，询问他发生了什么事。年轻人便向他讲述了发生在自己身上的一系列事：为了创业，他放弃了正要共同

步入婚姻殿堂的女友；父母拿出全部积蓄支持他，如今却血本无归；借朋友的钱给员工发了工资，如今公司却破产了……

老人静静听着他低沉地诉说自己心中的压力与烦闷，等他说完，老人说："你愿意听听我的故事吗？"年轻人迟疑着点了点头，于是流浪者便开始娓娓道来。原来这个流浪者年轻时是个孤儿，吃百家饭长大，后来他长大了，去城市中打零工赚钱，结识了他的妻子。他的妻子见他人勤快，于是便不计较他的贫穷，和他结婚了。没过多久，妻子又为他生下了一个儿子。

随着他们的积攒，家庭里渐渐有了一些积蓄，就在此时，他却跟着工地上的朋友学会了赌博。起先他只是不出工的时候与工友们打打牌，后来他渐渐总是延误工时，最后被开除了。

于是他就回到家中，继续被老婆养。最后，他竟赌光了家庭的积蓄、赌光了老婆的工资、又开始偷窃岳父母的钱。年迈的岳母因为无法管教他气得心脏病发，就此撒手人寰，第二年岳父也离世了。

妻子受不了他的赌博恶习和时常家暴，留下一纸离婚协议就不知所终了。此时他看着空空荡荡的屋子，才幡然醒悟。于是他剁掉自己的一节手指，痛改前非。

他一边打工还债，一边寻找妻子的下落。等到他已经改过自新的名声传到妻子耳朵里，妻子顾虑着孩子，便带着孩子回来了。

欣喜的他为了赚更多钱便带着一身技术和同乡出国务工。

没想到除夕之夜，他却收到了家里因爆竹燃烧失火的消息。等他匆忙返乡，看见的却是妻子和儿子的两具尸体。

家中亲人都死了以后，他再也无心生活、无心赚钱，开始酗酒。等年龄一大，他也没有力气去务工了，只能靠捡废品为生。

年轻人品味着老者跌宕起伏的人生，不禁百味杂陈。他以为自己已经穷途末路之时，没想到有人比他的人生经历更加跌宕。至少他还有爱他的家人，至少他爱的人还在世……

当我们以为自己已经走到人生最绝望的境界时，不妨去看看身边之人。总有些人比我们更加勇敢。

人生路上，不要把短期的得失看得太重，放平心态。如果觉得自己得到的太少，不妨看看昨天自己没有拥有什么。如果觉得自己失去的太多，不妨去看看今天自己还剩什么。

要从自己拥有的东西中获得幸福感，这样我们的幸福才有落脚之地。而要想获得持续的幸福感，就要持续地诚挚感激我们已经拥有的东西。毕淑敏在《幸福的七种颜色》中说道："幸福是一种心灵深层的感觉，在最初的温饱和生殖的快感解决后，它主要来源于人类的精神体系的满足。"它是由我们内心生发的一种感觉，一种由内而外散发出的精神力。

认识到自己的价值

> 唯有我们发现自己价值的时候，才具备让自己真正自主和自由的勇气，原来，我们一直缺乏勇气让自己过得更好！
>
> ——阿尔弗雷德·阿德勒《被讨厌的勇气》

如何认识生命中的不自由？我们常常觉得自己被时间、金钱、人际关系压得喘不过气来。然而真正束缚我们的，确实是这些身外之物吗？个体心理学的创始人奥地利心理学家阿德勒认为，问题的关键不在于我们所处的环境，而是自我认知。

我们常常会觉得时间紧迫或者金钱匮乏，亦或害怕人际关系上的冲突而在与人交往的过程中过分压抑自己以求使他人获得内心的舒适。事实上，我们之所以会产生这样的自我认知，是源于内心的"自卑感"在作祟，自卑感使我们过分看轻自己，甚至常常使我们无法正确地认识到自身价值。

当我们为琐事心烦不已，沉湎于自己细微的失败中，是否看到自己更高的价值了呢？你对自己的认知，会影响你的行动。

迈克尔·乔丹是一名优秀的运动员，是 NBA 中最优秀的篮球运动员之一。乔丹会亲自修剪自家的草坪吗？

这里排除他某天心血来潮想要体验一下劳动的乐趣之类的意外情况。我们假设乔丹能用 3 小时修剪完草坪。与他相比，住在隔壁的小伙子杰尼弗能用 4 小时修剪完乔丹家的草坪。这样看来，乔丹在修剪草坪上有绝对优势，因为他可以用更少的时间干完这些活。那么，乔丹就应该自己修剪草坪吗？我们接着看。

乔丹在这同样的 3 小时中，能拍一部运动鞋的电视商业广告，并赚到 200 万美元。而在这同样的 4 小时中，杰尼弗可以在麦当劳工作赚 40 美元。乔丹修剪草坪的机会成本是 200 万美元，而杰尼弗的机会成本是 40 美元。

杰尼弗在修剪草坪上有"比较优势"，因为他的机会成本低。比较之下，乔丹不应该修剪草坪，而应去拍广告，雇用杰尼弗修剪草坪。只要他支付给杰尼弗的钱高于 40 美元而低于 200 万美元，双方的状况都会更好。无论个人、企业还是国家，在与别人的合作和竞争中都应该坚持比较优势，因为这样可以获得对自己来说更大的效用收益。比较优势的思想虽然深入人心，但是有不少人不以为然。

曾有人建议林肯从英国那里购买便宜的铁轨去建成横跨大陆的铁路，林肯却回答说："在我看来，如果我们从英国购买铁轨，

我们得到铁轨，他们得到钱，如果我们自己制造铁轨，我们得到我们的铁轨，并且我们得到我们的钱。"林肯的回答看似无懈可击，只不过从贸易的角度来说，并没有运用比较优势为美国谋得最大的利益。

一个人的价值不是取决于他在实际活动中是否走在前头，而是取决于他是否能正确地进行自我估价，取决于他有没有陷入低估自己的深渊之中。

我们常常会做一些无效的节省，甚至不肯为自己花费。这其实就是"低配得感"的表现。一个不爱自己、不肯为自己付出的人，实际上是很难得到他人的喜爱的。而且过度地压抑自己、低估自己也是产生自卑心理的根源，长此以往，这人就会陷入"我什么都做不好""我不配拥有""我是个卑微的小人物"之类的自我攻击之中，这对个人成长是非常不利的。

阿德勒说："唯有我们发现自己价值的时候，才具备让自己真正自主和自由的勇气，原来，我们一直缺乏勇气让自己过得更好！"我们都具备创造更大价值的能力，而创造更大价值的前提是先满足自身的需求，能够正确认知自己。

如果下次再遇到觉得时间匮乏之时，你应该意识到人的一生如此漫长，某件看似紧迫的人，只是人生乐曲的一个小音符。而金钱的匮乏，常常是一时的，更何况大多数幸福的人，其实并不因财富多少而增减自己内心的幸福感。

而导致来自人际关系焦虑情结的原因是我们过分放大了他人

对自己的关注。简单来说，我们之所以会觉得他人会注意到我们，是因为自己内心对某些因素的担心，投射到了他人身上，比如"我的眼睛近视，我总认为大家会注意到我的近视，进而对我做出负面评价"。实际上，他人很有可能并没有注意到这一点。因此，我们在想象他人对我们的注意。

要知道，他人对我们的关注实际上并不能对我们造成任何影响，我们所害怕的"目光"，正是我们内心所想象的他人对我们的负面评价。

开悟

做个怀抱希望的人

> 希望虽然常受欺骗，但却非常必要，因为希望本身就是幸福，尽管它屡遭挫折，但这种挫折本身不比没有希望那样可怕。
>
> ——塞缪尔·约翰逊《论未来》

我们常常站在今天，怀念昨天，盼望明天。因为今天是自我，昨天是回忆，明天是希望。在人生的困局中，正是这种盼望明天的力量支撑着我们。人生不如意之事十之八九，生活的难题、工作的艰辛、人际关系上的失意，总是会拉扯着我们脆弱的神经，使我们不得欢颜。

显然此时我们需要对未来生活的憧憬，才能够支撑我们走过这些人生中普遍存在的难题。人不能活在无希望的世界，无望比困难本身更具有打击性，相反，人若内心存有希望，面对困难之时便会因着对明天的渴望而信念倍增。

古罗马时，两军对峙。城池眼看就要被敌军攻破之际，守城的将军赶紧趁着夜色将一名士兵从城墙吊着放到城墙外，派

·098·

遣他去不远的另一城池求援。士兵知道情况万分危急，就拼命地奔跑，他不顾刺骨的寒风，忽略了腹中的寒冷，心里只抱着一个信念：求援救城。

去往另一个城池必须渡河，他跑到渡口处，却发现渡口的小船早已不知踪迹，他焦急万分，河水刺骨冰冷、白浪翻涌，此时他若跳进河中，必定是必死无疑，想到军队还指望他求援，他不敢做出无谓的牺牲。

然而，城池只能坚守到明天下午，如果不能够及时带回援兵，等待城中人的必定是灭顶之灾！

天色渐暗，士兵却毫无办法，谁知道更糟糕的是，天空中竟然飘飘洒洒地下起了斗大的雪花，士兵衣着单薄，只好蜷缩一团，想着办法，不一会儿，也不知道是因寒冷而晕厥还是因困倦而昏睡，他竟闭上了双眼。

等他再一睁眼，竟有一只小动物卧在他身上舔舐他的脸颊，此时天已经微微放亮，他听不见水声，走近河流一看，寒冷的天气竟然使河面上结了冰！他喜极而泣，顾不得浑身的疼痛，冲向河对面。果然把城池要被攻陷的消息及时传达了！

人在身处自以为绝境的时候，千万不能轻易地被负面念头占据自己的思维，控制自己的行动。正所谓"山重水复疑无路，柳暗花明又一村"，不走到终点，人永远不知道前方等待自己的是什么。所以我们的内心要常怀希望。

怀抱希望对年轻人来说尤其重要，希望之中蕴含着巨大的改变世界的能量。那些能够建立伟大功业的人往往具有比较强烈的信念，他们也往往对未来拥有着高期待。如果一个人对未来感到悲观，那么他就很难真正地付出全部精力为未来奋斗，他将总是处于犹疑之中，在一年又一年的犹疑中空耗时光、消磨意志。

希望如同一方沃土，种下期待的种子，沃土则会孕育出我们想要的明天。这方沃土以信念为养料，倘若信念不坚定，或者并不为梦想付出行动，这方土地就会萎靡，甚至结出苦果。

珍惜眼前的幸福

> 　　在生死临界点的时候，你会发现，任何的加班，给自己太多的压力，买房买车的需求，都是过眼烟云，如果有时间，好好陪陪你的孩子，拿买车的钱孝敬父母，不要拼命去换什么大房子，和相爱的人在一起，蜗居也温暖。
>
> ——于娟《此生未完成》

　　人有悲欢离合，月有阴晴圆圈，这是千年以来令人们无比怅惘，却又无可奈何之事。然而，生活的本相便是"一苦一乐相磨炼"，苦与乐相互交织，婴儿离开妈妈怀抱的第一声啼哭却伴随着家人迎接新生命的喜悦。

　　人生是不完美的，面对这种不完美，我们要修炼的是一颗平常心：坦然接受生命馈赠的"得"，平淡看待命运夺走的"失"。

　　复旦学者于娟，她的前半生可谓是顺风顺水。少年时，她努力学习凭借优异的成绩考入上海交通大学，读大学期间，她结识了大她几岁的老乡赵斌元，两个人相识、相爱。

她与时为男朋友的赵斌元志趣相当、脾气相投，他们都以学术为自己的终生志向。因为于娟所修习的"社会发展及公共政策"这门课需要与世界接轨，她不得不选择出国留学。赵斌元却认为异地会影响两个人之间的感情，于是要她在留学与感情中二选一。于娟为了事业，只得暂时中断与赵斌元的感情。

　　感情的中止没有让两人彻底分道扬镳，等到她学成回国，问及赵斌元最近的状况时，赵斌元竟一直在等她。于是二人又顺理成章地结为夫妇，并在婚后不久生下了一个可爱的小男孩。

　　于娟的事业与家庭两生花：她凭借着留学经历成为复旦大学的一名讲师，后来她还在复旦大学取得了博士学位。她的小家庭也越来越好，他们贷款在上海买了房，还有了自己的车。婚后两个人的感情也越来越稳固。而这一年，于娟只有30岁，还有更多人生的风光等着她去探索。

　　命运却在此时与于娟开了一个天大的玩笑，她被确诊为乳腺癌晚期，癌细胞已经扩散，医院给她的"审判书"是最多还有两年寿命。一头秀发的她，因为化疗掉光了头发，于是她的丈夫带着儿子也剃了光头。她的丈夫、父母变卖家产，不敢奢望治愈，只求延长她的寿命。然而，2011年，33岁的于娟还是没能逃过病魔的追击，她在医院离世。

　　于娟在抗癌的时候写道："人生最痛苦的莫非'幼年丧母，中年丧妻，晚年丧子'，如果我死了，我的家人将接受全部的这一切，我一定要努力活下去。"然而，命运从不会因为人的悲痛就会转圜它的心意。

　　于娟在与癌症抗争的日子，每天会抽出一小时来记录这些令她痛苦的时光，她为这本书取名《此生未完成》。是啊，她的人生、她的事业、她的家庭刚刚开始，便戛然而止，她的生命就此逝去了，怎么不算一种"未完成"呢？

　　每个人的人生都有各种大大小小的遗憾和不圆满，然而，在死亡之前，所有的遗憾都来得及补全。可是，谁能预料到死神的屠刀会在什么时候降临呢？当你在最幸福，最志得意满的时刻，难保生活不会射冷箭。

　　所以珍惜眼前的幸福才是智慧之人。昨天是用来怀念的，明天是用来向往的，唯有今天才是用来生活的。所以，智者往往能把握当下的幸福，把握今天的生活。

　　值得注意的是，如果未来令我们太焦虑，我们便应当放慢脚步，调整心态。我们人类的细胞会不断地新陈代谢，替换老去的细胞，全身的细胞替换一遍，大概需要 7 年。也就是说，变成一个全新的自己大概需要 7 年时间。所以，干吗不给自己一些等待的时间呢？

　　明天要完成的事，就交给明天的自己吧，做好今天的事，不要为了虚无缥缈的明天，而去透支今天。

知足者常乐

> 事能知足心常惬，人到无求品自高。
>
> ——纪昀《阅微草堂笔记》

知足者常乐，就是对现状的一种满足，对于个人来说，并不一定就是不思进取。"君子有所为，有所不为。"对于事业我们应该孜孜以求，而对于那些名利之事，我们大可不必去认真计较，还是随遇而安的好。

据《永乐大典》一书当中所记载，很早以前有一个叫孙景初的太医，自称为四休居士，活得很潇洒，很自在，享年亦寿，人询其秘，答曰："粗茶淡饭饱即休，被破遮寒暖即休，三平二满过即休，不贪不妒老即休。"大意是只要有粗茶淡饭吃饱，有补好的旧衣服穿，父母与儿孙们平安，夫妻和睦，虽不贪求名利而能顺顺当当地活到老就非常不错了。并曰："少欲者，不伐之家也；知足者，极乐之国也。"

古人曾经写过很多"知足歌""警贪箴"一类的东西，劝诫人们都要学会"知足"。比如苏轼说："人之所欲无穷，而物之可以足吾欲者有尽。"此句话说得实在客观。如果我们对现实生活要求过高，产生"无穷"之欲，那么就太不切合眼前的实际了，就非常容易产生许多不必要的苦恼。

　　至于古人所阐述的"乐不可极，极乐生哀；欲不可纵，纵欲成灾"的道理，更是包含着一些物极必反之类的辩证思想，这些都使我们明白了一个观点就是：如果过于追求物质方面的享受，就极有可能会走向事情的反面，从而产生鉴戒之感。

　　知足常乐是一种看待事物发展的心情，而不是安于现状的骄傲自满的追求态度。《大学》曰："止于至善"是说人应该懂得如何努力而达到最理想的境地和懂得自己该处于什么位置是最好的。知足常乐，知前乐后，也是透析自我，定位自我，放松自我。才不至于好高骛远，迷失方向，碌碌无为，心有余而力不足，而弄得心力交瘁。

　　人生百年，不如意事常有八九，要想活得更加潇洒，就必须学会自己安慰自己，正所谓心底无私天地宽，凡事只要想开了，就不会有什么大不了的事来折磨你。要想心情好，就得学会自己欣赏自己。

　　现在大家都比较关注自己的生活质量，然而，生活质量的好坏，并不全在于物质方面，更多的还在于自己的心情好坏。一个人成天的为了一点蝇头小利而苦恼，即便拥有金山银山，生活质量也好不到哪里去。

做人应该更多地关注自己的内在素质，不要跟人家肚子里的油水比，而是要跟人家肚子里的墨水比。知识才是人世间最无价的。任何功名利禄都不能与知识相提并论。

这里所说的并非世人不应该去追求物质生活，而是不要被经济利益所困，让"孔方兄"挡住了自己眼前的视野。曾经有很多时候，我们根本就不知道什么叫做满足，这是因为强烈的欲望在驱使我们，是幻想在鼓动着我们，是不切合实际的索取。

人生在世，名利财物，都是身外之物，你就是时时刻刻永不停息、永无止境地去追求和索取它，也不会有满足的时候。相反，它还能够给你带来数不尽的坎坷与烦恼。

在很多时候，我们之所以不能够感觉到幸福与快乐，多半都是由于我们自己的不知足而引起的。如果把不知足归结为人类后天的变异，就难免会有失公允。实际上，不知足是一种人类十分原始的心理需求，而知足则是一种理性思维后的达观与开脱。

知足使人感到平静、安详、达观、超脱；不知足使人骚动、搏击、进取、奋斗；知足智在知不可行而不行，不知足慧在可行而必行之。若知不行而勉为其难，势必劳而无功，若知可行而不行，这就是堕落和懈怠。这两者之间实际是一个"度"的问题。度就是分寸，是智慧，更是水平，只有在合适温度的条件下，树木才能够发芽，而不至于把钢材炼成生铁。

在知足与不知足这两者之间，我们大多数的人都倾向于知足。因为它会使我们心地坦然。无所取，无所需，同时还不会有过于沉重的思想负荷。一个人在知足的心态下，一切都将会变得合理、正常且坦然，在这样的境遇之下，我们还会有什么不切合实际的欲望与要求呢？

学会知足，我们才能用一种超然的心态去面对眼前的一切，不以物喜，不以己悲，不做世间功利的奴隶，也不为凡尘中各种搅扰、牵累、烦恼所左右，使自己的人生不断得以升华。

学会知足，我们才能在当今社会愈演愈烈的物欲和令人眼花缭乱、目迷神惑的世相百态面前神凝气静，能够做到坚守自己的精神家园，执着地追求自己的人生目标；学会知足，就能够使我们的生活多一些光亮多一份感觉，不必为过去的得失而感到后悔，也不会为现在的失意而烦恼，从而摆脱虚荣，宠辱不惊，心境达到看山心静，看湖心宽，看树心朴，看星心明。

从心理学上来讲，知足常乐，不与周围的人比享受，不与周围的人比阔气，不与周围的人斗劲儿，自然就会避免掉许许多多无所谓的烦恼与争端，对于消除不良的精神刺激，增强人体心理上的自卫能力是益处多多的。

那些长寿老人的一个共同特点就是随遇而安，心地宽广，性格开朗，脾气随和，遇事稳重，不为一时一利而计较，不为一两二厘而吵得面红耳赤，因而心底无私天地宽。

在平时生活中，众多的人，根本就不可能不想尽一切办法去改善自己的生活，提高自己的生活水准。但是，凡事要有一个限度，有一个范围。要在努力工作，刻苦学习的基础上劳动致富，而不是乱想歪门邪道，甚至铤而走险，结果多半都是不能够进入富门而进入了牢门，或是积劳成疾，伤及元气。

知足是人生中极高的境界。知足的人总能够做到微笑地面对眼前平淡的生活，在知足者的眼里，世界上根本就没有解决不了的问题，没有蹚不过去的河，没有跨不过去的坎，他们会为自己寻找一条合适的台阶，而绝不会庸人自扰。知足的人，才能快乐而且轻松地生活，也才能在处世中受到欢迎。知足是人生中的大度。大"肚"能容下天下纷繁的事情，在知足者的眼里，一切过分的纷争和索取都将会显得无比的多余。在他们的天平上，没有比知足更容易求得心理平衡了。知足常乐。只要战胜自我，少些固执，多些灵活，少些抱怨，多些真情，生活就会充满温馨的阳光。

大事要精明，小事要糊涂

> 勿没没而暗，勿察察而明。
>
> ——《大宝箴》

唐太宗时期，大臣张蕴古呈给太宗《大宝箴》中谈到"勿没没而暗，勿察察而明"。说的是在为人处世之时不能糊里糊涂，浑浑噩噩，什么都不明白，但也不能过于苛察、精明，任何细微小事也要知道，要在两个极端之间采取中庸之道。当然，这个中庸，不是指任何事情都折中处理，而是大事精明，小事不苛察。

唐朝时，武则天当上了皇帝，宠信的大臣只有狄仁杰。也许是为了表示亲近，武则天把一些只有她一个人知道的事情告诉狄仁杰。她对狄仁杰说："你在汝南当地方官时很有政绩，但是有人诬陷你，你想不想知道诬陷者的姓名？"

狄仁杰先是感谢则天对他的信任，接着说："陛下不以臣为过，臣之幸也，不愿知谮者名。"武则天听了深为赞叹。

知道过去是谁诬陷了他，对狄仁杰并没有一点点好处，而诬陷者或许会担心狄仁杰挟嫌报复，多生出一些事来。因此，狄仁杰宁愿糊涂，不愿苛察。

曹操焚烧他的下属私通袁绍的书信的事，是很多人所知道的。公元200年，袁曹在官渡决战，袁绍被打得大败。曹操在收缴袁绍往来书信中，得到许多官员以及军中将领写给袁绍的信。在他人看来，这正是一个查明内部立场不稳者的绝好机会。

可是查出这点，对曹操的事业并没有好处，袁绍已经被击败，已经断了观望骑墙者的希望。

而且，当时正是用人之际，又少不了这些人。既然要继续使用他们，查明谁在背后与袁绍通过信，只会令他们疑神疑鬼，增加内部的不稳定。因此，曹操在这个问题上没有装糊涂，也没有表现出精明，他把收缴到的书信全部烧掉，说："当绍之强，孤犹不能自保，况众人乎！"对私通者表示理解，一概予以原谅。

事实证明，不知道不需要知道的事情，下属会因此而感到自己被信任，而且那些原本摇摆不定的人很可能因受到信任而定下心来，一心一意为我们的事业服务。

公元410年，东晋将领刘道规与反叛者卢循、桓谦作战。卢循、桓谦人多势众，进逼江陵。在这种形势下，江陵百姓都给桓谦写信，告诉他城内情况，打算在桓谦攻城时做内应。但结果刘道规率领的东晋军队击败了桓谦，他从桓谦那里搜捡到了这些信件，没有一封能看清，下令把信全部焚烧。江陵百姓从此内心十分安定。

没过多久，卢循的另一支大军由徐道覆带领直下江陵，城中没有兵。有传言说，卢循已经扫平了京邑，这是派徐道覆来当刺史。但是，江汉地区的百姓却感激刘道规焚烧书信、不计前嫌的恩德，都没有二心了。

如果刘道规当时苛察，一定要知道谁私通桓谦，在那样一个战乱年代，恐怕他后来就不会得到江汉地区百姓的支持。刘道规的不苛察，得到了非常丰厚的回报。

大事精明，小事糊涂是一种必备的智慧。如果小事精明，大事糊涂就会变成一种苛察。苛察的最大弊端就是容易让别人对我们心生怨恨。

"水至清则无鱼，人至察则无徒"说的正是这个道理。每个人都有自己不完美的地方，如果一味苛察最终结果就是很难融入正常的社交圈。

第六章

人际交往，在与世界的连接中成长

人始终是生长在社会中的动物，社会性是人类的本质属性，当我们感到人际受挫的时候，不要灰心丧气，找到适合自己的社交方式，在与世界建立亲密的连接中成长。

秀木易折

> 木秀于林，风必摧之；堆出于岸，流必湍之；行高于人，众必非之。
>
> ——萧统《昭明文选》

正所谓，"木秀于林风必摧之"，人如果过于优秀，难免会遭人记恨，那些人的恶意，会像那些专门摧毁森林中最高的树的恶风一样，不期而至。

郁离子家的马生了一匹骏马。人们看到都感到十分惊奇，于是有人说："这是一匹千里马，必须送交给皇家马厩喂养。"郁离子听了人们的话，觉得很有道理，于是耗费重资把马送到了京城。

皇帝听说郁离子进献宝驹，对郁离子说，派太仆检验后才准进献。太仆看了马的形态，对马十分满意，又问郁离子，马从何而来，听到郁离子的回答后，他却摇摇头说："这马虽然是匹好马，但却不是北方冀地产的。"于是就把它放在养中等马的外厩饲养。

名士南宫子朝对郁离子说："传说熹华之山原是南方天帝的住处，那里有一种长着绀色羽毛的鸟，雏鸟时就跟任何鸟不一样，天下的鸟类，只有凤凰的形状能和它的外形相似。于是它也自觉以凤凰的德行要求自己。它讲凤凰的才德，立凤凰的志向，想发出像凤凰一样的叫声来惊动天下。

奭鸠鸟听了就对它说：'你也知道那用木牌做神主和泥偶做神主的事吗？上古的圣贤帝王用木牌做神像侍奉神，后世人改用泥偶做神像，这并不是先王不如今人考虑得周到，而是因为神灵灵验与否，要看供奉人对神主的心的虔诚程度，而不是要求神主的外貌像不像。可如今的人们却正相反，只求貌肖，不求心诚。现在你又用古人的做法：只求心诚，不求貌肖，把伯乐做法反过来了。你不鸣叫还好，一鸣叫就必定招致罪名。'

绀羽鹊没听从奭鸠的话，仍自顾自地保持自己的高洁，追求自己的志向，终于有一天像凤凰一样鸣叫了起来，那叫声响亮、动听，掠过梧桐的枝条，响彻云霄，激荡洞穴并震动了山岩，松、杉、柏、枫等树木也无不被其振动起枝条而与绀羽鹊共鸣，各种鸟兽也无不被它的鸣叫声惊出恐惧的蠢态。鸷鸟听了最为恐惧，它害怕绀羽鹊夺取了自己的地位，便派鹦鸟在西王母的使者面前进谗言说：'绀羽鹊的叫声奇异不吉祥。'

西王母的使臣便让云鹊去追绀羽鹊，日日不息。云鹊一直把绀羽鹊追逐到遥远的天空。后来绀羽鹊被逐到海边，此时它的羽毛尽数脱落，再也飞不动了。云鹊就这样追到了它，又把嘴中叼着的箭射向它，正击在它的脖颈上，它奄奄一息，几乎死去。

如今天下不收纳您的千里马，您的千里马不是被驱逐到遥远的天空，也要落得像绀羽鹊那样的下场啊，这世俗我算认清它了。"郁离子听了南宫子朝的话，也闷闷不乐却又无可奈何。

郁离子的千里马就像一棵高大的树木在森林中独树一帜一般，它的卓越和突出必然会引起风的注意，从而遭受风雨的侵袭。同样，在我们的人生旅途中，那些才华横溢、出类拔萃的人，往往也会因为他们的卓越而遭受嫉妒、攻击甚至诋毁。

这并不意味着我们应该隐藏自己的才华，避免展现自己的优秀。相反，我们应该勇敢地展现自己，追求自己的梦想和目标。但同时，我们也需要有足够的智慧和韧性，来应对那些因嫉妒而产生的负面影响。我们应该学会保护自己，不被他人的恶意所伤害，同时也要理解和尊重他人的感受，避免因为自己的优秀而给他人带来不必要的压力。

敢于承认自己的无知

> 未知和无知并不是愚昧，真正的愚昧是对未知和无知的否认。
>
> ——余秋雨《回望两河》

在社交场合中，许多人都习惯隐藏起自己的无知，这对于他们来说，是一种自我保护机制，然而，心理学却认为，敢于承认自己的无知，反而能够帮助我们获得更和谐的人际关系。

心理学家邦雅曼·埃维特曾指出，平时动不动就说"我知道"的人，头脑迟钝，易受约束，不善同他人交往。迅速和现成的回答，表现的是一种一成不变的老一套思想；而敢于说"不知道"所显示的则是一种富有想象力和创造性的精神。埃维特还说："如果我们承认对这个或那个问题也需要思索或老实地承认自己的无知，那么我们自己的生活方式就会大大地改善。"这就是他竭力倡导的态度和人们可以从中得到的益处。

古希腊著名哲学家苏格拉底讲过，"就我来说，我所知道的一切，就是我什么也不知道"，以最简洁的形式表达了进一步开阔视野的理想姿态。可以说，至今仍有很多人信奉苏格拉底的这句名言。无论你多么伟大，无论你多么有才能，你也有你不知道的地方，说不知道并不是就意味着你无能，而是在勇敢承认，这可以使你获得更多的称赞。

有一位学问高深、年近八旬的老妇人。她原是大学教授，会讲五种语言，读书很多，语汇丰富，记忆过人，而且还经常旅行，可以称得上是见多识广。然而，人们从未听到过她卖弄自己的学识或对自己不了解的事情假称通晓。遇到疑难时，她从不回避说："我不知道。"也不用自己的知识去搪塞，而是建议去查阅有关专著、资料，以作参考。

看到老人的这一切，跟她接触的人才真正懂得了怎样才能被别人敬重，怎样才能获得做人的尊严。

从事任何一种职业的聪明人，都有勇气承认"没有人知道一切事情"的这个事实。他们常常说自己不知道，随后就去寻找他们所欠缺的知识。承认自己不知道无损于他们的自尊。

对于他们来说，"不知道"是一种动力，并不是说出来就大失面子的话语。因为自己的"不知道"，反而会促使他们去进一步了解情况，求得更多的知识。

做人就要敢于坦诚地承认自己的不足和浅陋，不要为了面子，强把自己说成是"万事通"，反而让自己真正大失脸面。要知道知识是从"不知道"里面去争取的，而不是从你说"知道"里面欺骗得来的。

良言的力量

> 通常，当人们说出温和话语的时候，行为必然也会自然地反映出温和的态度，于是平和之心的力量也将从中孕育而生。
>
> ——戴尔·卡耐基《人性的弱点》

正所谓"良言一句三冬暖，恶语伤人六月寒"，语言是人际交往的最主要的工具，我们借助语言向他人吐露我们的内心，他人借助我们的语言来了解我们的为人；低谷之时，他人鼓励的语言是我们重新站立的拐杖；荣耀之际，他人赞赏的语言比鲜花更芬芳……

然而，有时候我们会不自觉陷入一个思维误区：只要我说的话出发点是好的，无论这句话会对听话的人造成怎样的后果都无所谓。在生活中，有些人很少留心自己说出的话，他们往往心直口快，遇到什么说什么。这些人爽朗而直率，绝大多数时候都能给他人留下好印象。可是一旦"心直口快"得过度，就会造成不良后果。

当你的朋友因为失恋满心落寞地来向你倾诉，你直言不讳地告诉他："我早就说过你们两个人不合适，他人品不好，你为这种人伤心很愚蠢。"可以想见，你的朋友不会因为你的理性分析而感到安慰，反而会更难过。

当你的家人因考试失败而一蹶不振，你又"心直口快"地说："说到底还是你不够努力，或者脑子太笨，你看别人怎么就考上了？"你的这一番话，很可能成为压死骆驼的最后一根稻草。

面对一个刚刚遭遇悲惨之事的人，你对他说："人的命运都是预定好的，你不必太难过，坦然接受吧。"这番安慰显然是无济于事的。

心理研究表明，鼓励往往会比批评更能激发人的正向内驱力。当一个人处于比较糟糕的状态时，给予他情绪价值往往比提供给他理性的解决方案更能打动他。

著名作家林清玄在读高中时，是个叛逆的少年，他并不喜欢学习，反而经常与校内校外的混混们打架。学校的领导和老师对他的恶行忍无可忍，于是对他进行记过处理，他最终被留校察看。如果任由林清玄如此发展，他的结局很有可能是成为一个帮派分子或者早早辍学。

这时林清玄的国文老师王雨仓却找到了林清玄，并且与他恳切谈话："你有很高的文学天赋，不要浪费自己的才能，我知道你是一个能成大器的学生。"王老师的话像是一记重拳，打在了林清玄心上。是啊，如果我玩弄岁月、空耗时光，是对自己人生的一种浪费。林清玄自此以后折节读书。可以说如果没有老师的这番善意的勉励，林清玄恐怕很难走上作家这条道路。令人惊喜的是，这样的善意是可以传递的。

有一天，林清玄路过一家很火爆的饭店，他与店主擦身而过的瞬间，店主竟一脸惊喜、感激地拦下了他。林清玄望着店主陌生又好似熟悉的脸，完全想不起自己是否与这个人曾经相识。

男人激动地说道："林先生一定不记得我了，可我却一直很感激你。""我帮助过他吗？我怎么没有一点印象。"林清玄想。这个男人见林清玄有些茫然，就娓娓道来他们20年前曾有过的一面之缘。

原来在20年前，林清玄还是一名记者，这个男人当时是一个技艺绝高的小偷。警察花费了很大工夫，才终于抓到他，报社安排林清玄对这个小偷做一篇专访。林清玄了解到小偷的作案过程，竟不由自主地感叹道："这样心思细腻、手法灵巧的人，无论做什么都会成功吧，为什么要做小偷呢？"

小偷看到了林清玄的专访，对他的感叹也大为震撼，是啊，自己心灵手巧，又不怕苦不怕累，为什么非要做小偷呢？于是他经过百般曲折开起了属于自己的一家饭店。经过20年的悉心经营，他的饭店也越来越火，后来又成为连锁饭店。他本人也由"小偷"变为一个颇有财富的人。

心理学上有个很著名的现象，叫做皮格马利翁效应，希腊神话中国王皮格马利翁爱上了自己雕刻出的女人，于是他请求爱神阿佛洛狄忒帮助他找到一位像雕像女人一样美丽的妻子,于是阿佛罗狄忒就将雕像化为了真人。皮格马利翁因此如愿以偿。后来这一故事的含义被人引申为"只要内心真心期望和认可,愿望就会实现"。

"自证预言"也是如此,人一旦知晓某些预言,就会不由自主地按照预言行事,无论这个预言是积极的,还是消极的。这便是语言的力量,积极的语言能够给人积极的心理暗示,从而使人能够从内心中生发出巨大的行动力。消极的语言则恰好产生相反的效果,越是不相信这件事能够成功,做事时越会缺乏行动力,哪怕从表面上看,这个人似乎在这件事上付出了巨大的时间和精力……

甚至很多情况下,消极的心理暗示还会阻止自己行动,这便是拖延症产生的重要因素之一:意识与无意识处于对立的状态。这启示我们,当有一件我们内心觉得非做不可的事,我们却迟迟找不到行动力时,我们可以去叩问心中的更深层意识:我们是真的想做这件事吗?

而当我们去否定他人时,正是给他人提供了一个消极的心理暗示、扮演了消极预言的角色。

有些人会被人评价"刀子嘴豆腐心",其实这是非常不好的。一方面,"刀子嘴"造成的伤害实际上要比我们想象中的要大。另一方面,不是每个人都能从你的"刀子嘴"中看出一份"豆腐心"的,长此以往,这势必会影响我们与他人之间的关系。

当仁不让

> 如果你有足够的力量来做一件事情而且并不在乎别人如何评价，那么这将会为你增光添彩。让别人说去吧，你只要好好干就是了。
>
> ——拉尔夫·瓦尔多·爱默生《善待命运》

"谦让"是中华民族的传统美德，中国人一向是懂得谦逊的民族。然而谦让并不是一味讲退让、忍让。在道德信条中，"谦让"是指在名利、权位上的让，谓之"君子不争"。而在原则问题上，在展露自己才华的场所，高明的人又很推崇"当仁不让"。

古代推崇的竞争是雍容大度、自信自强、公平的竞争，在该争的时候，是不必谦让的。孔子还对他的学生说过，"当仁，不让于师"。意思是说虽然礼尚辞让，但在为仁这样的事上，则要勇往当之，无所辞让，即使在老师面前也一样。

古希腊的大哲学家亚里士多德也曾发出流传千古的呐喊：吾爱吾师，吾更爱真理。可见在真理面前、在正义和责任面前，是不可以讲谦让的。

晋人王述被调任尚书令，朝廷的任命一到，王述就即刻赴任。王述的儿子得知后，对父亲说："您应该谦让一下，把职位让给杜许吧。"王述反问儿子："你说我能胜任这个职务吗？"儿子回答："您非常合适，但是能谦让一下总还是好些吧，至少在礼俗上也应该谦让一下呀！"王述摇着头，不无感慨地说："你既然认为我能够胜任尚书令一职，为什么又要我谦让呢？别人都说你将来会胜过我，我看你到底还是不如我啊！"

王述本是个"安贫守约，不求闻达"的人，但在国家需要自己承担重任时，却勇当不让，他并不是追逐名利，而是富有责任感和自信的表现，因而在历史上一直被人们所称道。

我们在职场中也是如此。职场是个很现实的微型社会，在其中的每个人都在追求晋升以获得更多的利益，在这个时候，讲谦虚、讲礼让，不仅保障不了属于自己的权益，对于公司也是不利的——人人都讲谦让，公司缺乏相应的良性竞争环境，这样的公司就会成为滋养呆板与懒惰的温床。因为当实力不再是晋升的评估标准，那些真正做事的人就会因为不公正的待遇而行动萎靡。久而久之，甚至会出现人员离散的状况。

所以，敢于当仁不让也是一种正义之举。当你能正确地估计自己的分量时，不妨主动请缨，采取"当仁不让"的积极争取策略。比如说，当你了解到某一职位或更高职位出现空缺而自己完全有能力胜任这一职位时，保持沉默绝非良策，而是要学会争取，主动出击，把自己的想法或请求告诉上级，这样你往往能如愿以偿。战国时期赵国的毛遂、秦王嬴政时的甘罗已为我们提供了最好的证明：过分的谦让只会堵死你的晋升之路。

由己及人

> 欲人之爱己也，必先爱人；欲人之从己也，必先从人。
>
> ——左丘明《国语》

我们在与人相处时，深入沟通是彼此能够相互理解的前提。换而言之，我们要由己及人，理解他人的担忧和顾虑，并通过类比和解释来消除他人的疑虑，学会倾听和理解对方的观点和感受，才能在人际交往中更好地沟通。

在战国后期，赵孝成王逝世后，年幼的太子悼继位，赵国的国政因此由赵太后掌控。某年，秦国趁着赵国遭遇灾荒、国力衰弱的时机，大举进攻赵国的都城邯郸。赵国因国力不足，难以抵挡秦国的攻势，于是向盟友齐国求援。然而，齐王因赵太后曾对使臣批评过他，坚持要求赵太后的小儿子长安君前往齐国为质，才愿意出兵相助。赵太后对长安君宠爱有加，难以割舍。在秦国大军压境、攻势凶猛的情况下，赵太后陷入了两难的境地。

左师触龙为了赵国的利益，决定劝说赵太后。尽管他听闻有一帮大臣因进谏而遭到太后的怒斥，但他仍坚持要求面见太后。此时的太后正因大臣们的争执而心生闷气，她暗下决心，只要触龙一提及派遣长安君做人质的事，她便会当面唾骂他。然而，触龙似乎洞悉了太后的心思。

触龙一见面便嘘寒问暖，完全不提及长安君的事。反而，他向太后提出希望为自己的小儿子舒祺谋求更好的职位，希望能让舒祺加入黑衣卫士的队伍，为保卫王宫尽忠。触龙对舒祺的夸赞之情溢于言表，这让赵太后产生了浓厚的兴趣。她好奇地问道："左师，你们男人也会疼爱幺子吗？"

触龙以诚恳的态度说道："我对幼子的爱，甚至超过了他母亲对他的爱。"赵太后听后如遇知音，并向触龙谈论起自己对长安君的喜爱。赵太后感慨道："你们男人真的不懂做母亲的心，女人对小儿子的疼爱才是最深沉的。"触龙逐渐将话题引向正题，他严肃地说："在我看来，太后您对女儿燕后的疼爱，其实超过了长安君。"

赵太后摇头否认："你错了，自从女儿远嫁燕国成为燕后，我其实已经很久没有想她了。"触龙趁机说道："我记得您女儿出嫁时，您牵住她的手泪流满面。之后，您频频为她祈祷，祈求神明保佑她平安生育，希望她的孩子日后能成为燕王。这可谓是'计之深远'，在我看来，这才是真的疼爱孩子呀！"

赵太后觉得触龙的话很有道理，于是专心地听他继续讲述。"回顾三代以前的赵王子孙，被封为侯爵并继承侯位的已经寥寥无几。这些人中，他们其中的一些人，有些已遭遇不幸，整个家族断绝后代；有些虽免于难，但子孙仍然难逃灾祸。其原因还是"德不匹位"。这种明显的矛盾，正是导致他们遭遇不幸的原因。"

触龙稍微停顿了一下，见赵太后认真聆听、似有所悟，于是继续阐述："如今长安君封邑宽广，地位也已经很高了，权位不可谓不贵重。但是，如太后所知，长安君现在只是享受了这些，这些都是由您给予他的。您却忘记给他一项最重要的恩赏：自己建立功勋的机会。倘若有一天您仙逝而去，长安君何以安身立命呢？如此看来，太后您对小儿子的疼爱，确实不如您对女儿的疼爱。"

赵太后叹息道："左师您睿智明义，长安君还是需要托付给您。"于是，赵太后心悦诚服地接受了触龙的建议，决定由触龙安排长安君作为人质的事宜。

心理学研究认为，同理心是人与人交往沟通的基础，也是拉近人与人之间距离的有效渠道。而同理心的具体表现正是能够共情对方的处境，推己及人地对他人情绪和情感地认知性觉知、把握与理解。

赵太后之所以对他人的劝谏无动于衷，是因为他人的阐述问题的视角其实是完全站在自己的角度上的，诸如家国大义、国家安危，这样的话语怎能深入赵太后的内心呢？

所以，在谈话中、人际交往的过程中，我们应当培养自己的同理心，当他人向我们倾诉时，试着说："我理解你，我知道这种感觉。"

不要羞耻于求助

问，便给予；寻求，便得到；敲门，门便为你敲开。

——戴尔·卡耐基《人性的弱点》

许多人在人际交往的过程中，因为害怕暴露自己的脆弱，担心被视为无能，于是干脆紧紧锁住求助的大门，独自在困境中苦苦挣扎。一旦自己冒出"要不找别人帮帮我吧"之类的念头，就会抨击自己，并在心里暗暗发誓，不给他人添麻烦。这类人仿佛羞耻于求助他人。

社会性是人的本质属性，人因有所交集才能产生联系，有所联系才能建立关系。所以，向他人求助、为他人提供帮助是打开人际交往大门的一把钥匙。当我们想要与他人建立人际关系之时，如果找不到为他们提供帮助的机会，不妨选取一些对方能够帮忙的小事，主动寻求他们的帮助，由此打开建立更深层次关系的大门。

本杰明·富兰克林是众所周知的成功人士，然而，他也曾碰到过人际关系方面的麻烦，他碰到了一个喜欢和他做对的人。当时，年轻的富兰克林还只是费城一家小印刷厂的老板，在州议会的复选中，他幸运地被推举为宾夕法尼亚议会下院的书记员。就在正式选举前的紧要关头，一位新当选的议员却公开发表了一篇反对富兰克林做下院书记员的演说。演说篇幅很长，措辞尖锐，简直可以说是把富兰克林贬得一文不值。

　　面对这种意外情况，富兰克林既生气又有点儿手足无措。要知道，对方是一位很有名望、有修养、有才识的绅士，在当地十分有影响力，而富兰克林又不愿意卑躬屈膝地去讨好他。几经思考，富兰克林找到了一种比卑躬屈膝更恰当、更有效的方法。

　　富兰克林听说他收藏了几部十分名贵而罕见的书，于是，他就写信恳求对方把这些珍贵的书籍借给自己拜读。那位议员接到信后，很高兴有人能与自己有相同的品味，于是马上就把书送了过来。一个星期后，富兰克林准时送还了那些书籍，并且附了一封感谢信，由衷地表达了自己的谢意。

　　后来，当富兰克林再碰见他的时候，他竟然主动跟富兰克林打招呼，而且告诉富兰克林，他会尽自己所能地帮助富兰克林。就这样，富兰克林将对手变成了终生的好友。

　　无独有偶，安德鲁·卡内基也采用了类似的方法来化解人际危机。卡内基当时正在圣路易斯的某个地方办理一座刚刚建好的桥的税款问题。事情进行到一半的时候，他的一位至关重要的合作伙伴竟然说想家了，想离开圣路易斯，回匹兹堡去。卡内基知道，如果他离开，那么税款的事情也就失败了，无论如何是不能让他离开的。

在这关键时刻，卡内基想到对方非常爱马，而且很擅长选马。脑中灵光一闪，他没有乞求对方留下来。相反，他请求对方帮他一个小忙。他说，他想给自己的妹妹买一匹马，但是自己不会挑马，希望对方能够帮他挑选一匹好马，先不要着急回家。面对卡内基的请求，对方果然答应留了下来。

富兰克林和卡内基都利用"请对方帮个小忙"的方法，化解了人际危机，从而获得了事业的成功。

生活中，很多人因为怕引起他人的反感而从不找他人帮忙。其实，这种想法是完全错误的。不知道你注意到没有？当他人拜托你帮个小忙时，你不但不会觉得麻烦，反而会觉得十分高兴。

如果对方的请求恰恰是你最拿手的，你不但会心情愉悦，还会因此而喜欢对方。不用为此感到怀疑，"请他人帮个小忙"能够获得对方的好感是有其心理学理论依据的。

首先，请求他人帮个小忙，能够满足对方天性中的一种潜在的需要。当你请求他人帮个小忙的时候，实际上是主动将自己放在了一个相对较低的位置，从而抬高了对方，这样就能够满足对方获得他人尊重的本质需求，成就了对方的荣誉感。

而你请他帮忙，代表你需要他，这让他感觉到自己被需要、自己的存在很有价值，从而激发起他的自尊心。总的来说，你请求他人帮个小忙，能够给对方带来愉悦的心理感受。因此，对于那种自己力所能及或者擅长的事情，对方是不会拒绝你的。

那么，为什么对方帮了你的忙，反而会对你产生好感呢？心理学上有个著名的认知失调理论，也就是说，当个体的行为与自我概念不一致时，就会产生不愉悦的心理体验。当你无心或有意地伤害了某个人时，就会产生这样的问题："我为什么要这么对他呢？"

如果答案是"我很粗心、很糟糕"，那么，你正面的自我感受就与伤害他人的负面行为对立起来，进而产生认知失调；为了避免认知失调的不良感受，你就会为自己的负面行为找一个合理的解释，使之与你的自我概念一致。比如，你会想："他让人讨厌！他活该！"

同样，如果你帮助了某个人，而这个人是你所讨厌的，那么，自我概念和自我行为就产生了冲突，而避免认知失调的合理解释就只能是："我喜欢他，他很可爱！"由此可见，请求对方帮个小忙，能够让你赢得对方的好感因此，你大可不必拘谨地拒绝他人的帮助，更没有必要因为害怕引起对方的反感而不敢开口请求对方。

把握人际交往的分寸

> 与人相处时，应该记住。我们不是应付理论的人，而是在应付感情的人。
>
> ——戴尔·卡耐基《人性的弱点》

古人云："使人有乍交之欢，不若使其无久处之厌。"其中的奥秘就在于要把握好相处的分寸。那么，在日常的人际交往中，我们应该如何把握人际交往的分寸呢？

1. 通晓人情，将心比心。

古人说："世事洞明皆学问，人情练达即文章。"通晓人情，就是要有一种设身处地、将心比心的情感体验的态度。从正面讲，就是要"己欲立而立人，己欲达而达人"，就好像肚子饿了要吃饭，应该想到别人肚子也饿了，也要吃饭；身上冷了要穿衣，应想到别人也与你一样。懂得这些，你就要"推食食人""解衣衣人"。从反面讲，就是要"己所不欲，勿施于人"。你爱面子，就别伤别人的面子；你要尊重，就不能不尊重别人。

2. 不要小瞧别人。

有些人时刻想着要占点别人的便宜，似乎别人都不如自己聪明，但他们小瞧别人的代价就是"搬起石头砸了自己的脚"。所以在某些情况下，千万不要刻意低估别人，抬高自己，其实你并不比别人聪明多少，便宜也不是那么好占的。清清白白做人，脚踏实地做事。

3. 点滴人情，知恩图报。

中国有句古话："滴水之恩，当以涌泉相报。"这句话的意思是，人家给你一丝一毫的帮助，你都要牢记在心，今后加倍地回报人家。心理学家认为，人们都有"互惠的倾向"，即在收到他人的恩惠时，也会不自觉地回馈给他人恩惠。中国有句古话叫：来而不往非礼也。一方面，我们在人际交往的过程中应当慷慨大方，不吝啬于对他人提供帮助；另一方面，你可能受过不同人的恩惠和帮助，如果能做到"滴水之恩，当以涌泉相报"，你就会得到周围人的尊敬。

4. 切忌指责他人。

无论是在交际中，还是在工作中，都尽量不要去指责别人，而应以一种平和的态度来对待对方的错误，这样往往能够收到更好的效果。人们可以接受外貌、身高、收入、地位上的差距，却很少能接受智力上的差距。当你自以为"知识渊博"而开始指责别人时，无论你是用一个眼神、一种说话的声调，还是一个手

势，都会使你面临社交悲剧和失败的命运。因为没有人愿意承认自己的愚笨，你的指责直接打击了他的自尊心，这只会使对方产生逆反心理，而绝不会使他改变主意。

5. 背后不揭他人短。

逢人不说他人过，谈话不揭他人短。揭人短遭人恨，补人台受人敬。背后揭人短，更让人咒骂。人无完人，金无足赤，看人应多看对方的长处。刻意揭人之短，是一种恶劣的行为，是小人之举。无意之中揭人之短，也会造成不良的后果。善意补人之台，是一种优良的品行，是君子之举。每个人都喜欢炫耀自己的长处，都小心翼翼地掩盖自己的短处，绝不喜欢别人揭露自己的短处。对于别人揭己之短的举动，哪怕是无意的，或者是善意的，往往也会引起他人的断然反击，而且这种反击是全力的、致命的。

6. 不要把好恶写在脸上。

在社会上生存，我们不可能被所有人喜欢，也不可能都遇到令自己喜欢的人。要想获得好人缘，就绝对不要把好恶写在脸上。不要只与自己喜欢的人友好相处，而对自己不喜欢的人厌烦远离。与自己不喜欢的人能友好相处，而不被对方挑出什么毛病，也不会被对方在背后咒骂和诽谤，这是最智慧的人际交往方式。只有愚蠢的人，才会当众与自己不喜欢的人过不去，不仅给对方脸色看，还讽刺挖苦对方，结果只会令双方关系越来越僵，影响自己的人际关系。

第七章

从容心态，走出人生至暗时刻

　　行驶在人生路上的风帆，难免会遭受暴风雨的洗礼。越是在人生的至暗时刻，越是需要从容心态，积蓄力量。唯有如此，在机会到来之时，我们才能够绝地反击，重振旗鼓！

开悟

敢于走进人生的窄门

> 天下皆知美之为美，斯恶已；皆知善之为善，斯不善已。
>
> ——《道德经》

现代社会以其丰富多彩为我们创造了更加广泛的机会，然而，正因为人生的可能性更多了，所以反而令我们开始心生游移，固步不前。然而，如果想前进，就必须学会取舍。

那么如何取舍才是"正确"的呢？其实人生路上没有对错，跟随自己的心即可。不过，智慧的人总是敢于走进人生的窄门——那些少有人走的路。因为《道德经》的智慧告诉我们：所有人都喜爱的，自然都会拼命去争夺，这样的争夺往往导致没有人能长期占有；所有人都讨厌的，反而没人会去夺取，因此得以保全。

孙叔敖是春秋时期的楚国名相，在孙叔敖担任楚国令尹的高位时，他并未因此骄傲自满，反而经常用自己的财富来帮助那些生活困难的百姓。楚庄王对孙叔敖极为信任和倚重，每当有国家大事需要决策时，都会向他寻求意见。正因为有了孙叔敖这样的贤才，楚国逐渐走向富强。

然而，周定王十二年春天，孙叔敖因病去世。在临终前，他告诫儿子孙安："楚王曾多次提议封赏我，但我都拒绝了。如果我死后，他封你为官或赐予你爵位，你一定要拒绝。你并不具备治国安邦的能力，我深知这一点。如果楚王坚持要封赏你，你就请求他赐给你'寝丘'这块地方。那里土地贫瘠，名字意为'死者停处'，这样的地名不吉利，因此不会有人与你争夺。这样，你的后代可以平安地生活。"孙叔敖离世后，楚庄王悲痛欲绝，亲自为他送葬，趴在棺材上放声痛哭，在场的人无不动容。

葬礼结束后，楚庄王为表彰孙叔敖的卓越贡献，打算封赏孙安高位官职。然而，孙安坚决拒绝，选择带着家人回归故里，以务农为生，过着清贫而宁静的生活。日子一天天过去，楚庄王也逐渐淡忘了此事。

某日，宫中戏班上演了一出戏，歌词唱道："廉洁的官员高洁无比，子孙却衣不蔽体、食不果腹。君不见，楚国的令尹孙叔敖，生前无私产分毫，子孙乞讨度日，栖身荒草之间……"楚庄王听闻后心生愧疚，立刻派人寻找孙安，打算给予他丰厚的封赏。

孙安得知消息后，对楚王说："如果大王还记得我父亲的一点功劳，想要赏赐给我土地，就请把'寝丘'赐给我吧。这是

我父亲的遗愿，其他地方我是不敢接受的。"楚庄王无奈，只好将寝丘封给了孙安。

寝丘地处偏远，名字又带有不祥之意，因此一直未能引起王公贵族的注意。楚国几经政治动荡，许多封邑频繁易主，唯有寝丘得以幸免。孙叔敖的远见卓识，使得他的后代子孙得以在平静与安宁中度过幸福的一生。

"天下皆知美之为美，斯恶已；皆知善之为善，斯不善矣。故有无相生，难易相成，长短相形，高下相倾，音声相和，前后相随。"老子千年前就知道，人人都爱的未必是好的，我们要学会取舍。想要争取大家都认为是好的，那就要做好与众人挤独木桥的打算。所以，当你感觉内心太累，不妨试试那些少有人走的窄门，或许可以另辟蹊径！

反脆弱性的智慧

> 处难处之事愈宜宽，处难处之人愈宜厚，处至急之事愈宜缓，
> 处至大之事愈宜平，处疑难之际愈宜无意。
>
> ——金缨《格言联璧》

在人生的发展过程中我们常常会因为突如其来的状况而烦闷不已，解决这些问题又会让我们手慌脚乱。然而在这之后，我们又会因在这个过程中学到了新的知识而受益无穷。

然而著名投资人纳西姆·塔勒布在《反脆弱》中曾经提到：一些事物在强大的压力下不仅能够抵御压力、抗击不利因素，而且在这一过程中还能收获成长。这类事物就是具有"反脆弱性"的事物。所谓的"反脆弱性"，就是指事物不仅能够在混乱及波动等不利因素下存活，还能从这些混乱和波动中受益，甚至因为经受住了这些不利因素，因而获得繁荣和成长。

其实人也是这样，在经受适度的挑战后，反而能够获得成长，并且在经受了挫折的洗礼后，反而会变得更加坚韧。

在世界历史上有个很奇怪的现象，例如中华文明的起点黄河流域并不属于气候最好、最适宜人类生存的地区，反而条件相对艰苦，黄河先民在这种条件中锻炼出粗犷豪放、务实勤劳的个性；在欧洲版图上南征北战的罗马人也同样如此，罗马平原环境恶劣，却也因此赋予了罗马人坚毅勇悍、凶猛好战的个性。相反，那些成长于自然条件优渥地区的民族，却会养成软弱、贪图安逸的性格，如加普亚人、印度人等。另外，绝对艰苦的环境也是形成不了文明的，比如当今世界，仍有许多荒无人烟的原始森林，由于自然条件不适宜人类的生存，即使科技如此发达的今天，仍然无人在此定居，无居民怎能有文明呢？

　　历史学家由此得出，文明需要经受"适度挑战"才能发展壮大，而绝对安逸的环境却是进取之敌，过度艰苦却会使文明无法生存。这多么像人类成长的智慧。未经受过人生风雨洗礼过的人，在遇到大的风暴时往往会因此一蹶不振。

　　拉马克在《动物的哲学》中提到"用进废退"的原理，具体来说，就是指生物的器官如果经常使用，就会变得更加发达，而不经常使用则会逐渐退化。如同鼹鼠，原初的鼹鼠是有视力的，随着穴居的年代日久，眼睛在黑暗中变得没那么重要，为了"节能"，鼹鼠通过代际的更迭进化，逐渐变得视力极差……

　　因此，要想使我们强大起来，正确的做法应当是主动去寻求一些挑战，磨炼自己的意志。比如，我不擅长和陌生人讲话，我就可以到街边的报刊亭买一份杂志，顺势和老板聊几句。我们要学会主动去克服自己的弱点，逐渐变得"不那么脆弱"。

"反脆弱性"也给了我们看待挫折的新视角。当困难不期而至之时，我们应当转变心态，不要把它视为人生路上的绊脚石，而是将它看作人生路上的垫脚石——它是帮助我们成长的一次机会。

给花开成花的时间

> 草木无大小，必待春而后生；人待义而后成。
>
> ——尸佼《尸子》

万事万物自有其生长规律，播下一颗种子，就要给它发芽、生长的时间，它才能够开出美丽的鲜花。在这个过程中，我们不可避免地要为它施肥、捉虫、遮风挡雨。

世间万物的道理都是相通的，做一件事，很少有一帆风顺的时候，当我们遭遇挫折的时候，恨不得有一个"人生作弊器"，赶快逃离这段令我们感到痛苦的时光，然而，跳过这个给花"捉虫、施肥"过程，很可能会导致花儿开不出花的结局……

美国有部很经典的电影叫做《人生遥控器》，这里边的主人公迈克尔·纽曼（Michael Newman）就在机缘巧合之下，获得了一台人生遥控器。这台遥控器有多神奇：它可以快进主人公的人生，可以对某个场景暂停，可以对主人公不想听到的声音静音……这像不像我们所渴望的人生作弊器？

主人公也认为这是帮助他跨越痛苦的利器，很快他开始使用这部机器跳过与妻子的争吵、无聊的家庭聚会与升职的等待时间，只保留他认为最快乐的时间段……然而，不久之后机器便不受控制的自动为他跳过一些时刻，每次他回过神来，都是在他自认为精彩的时刻：升职、加薪、父母来访……直到有一天，他发现自己莫名其妙地离婚了，父亲也在他跳过的时光中死亡了，而儿子在这个过程中竟结婚了。

他幡然醒悟，原来那些看似令他痛苦、烦闷的过程，也是构成他有意义人生的一部分。电影的结尾，天使给了他重新来过的机会，这一次，他不再跳过与妻子的争吵，而是在争吵中解决矛盾；父亲虽然仍然会死亡，但是他却抽出了更多时间去创造与父亲的美好回忆。至于他的工作，他还是如期升职，只不过多了一些等待时间。

实际上，人所走过的每一分每一秒都有意义，即使是那些当下令我们痛苦不堪的时段，也是构成我们人生的重要基石。我们在这个过程中重塑自己、修正错误，因此得以更好地面对未来。与其逃避，不如面对；与其等待命运的裁决，不如创造命运。人要学会耐心等待，时间会给你想要的答案。

做一个长期主义者

> 你如果愿意有所作为，就必须有始有终。
>
> ——何塞·利萨尔迪《堂卡特林》

如果你曾阅读过心理学家们写给焦虑人群的指南，你就会发现，许多心理学家都会提倡以"长期主义"的方式生活，他们认为这样是对抗焦虑与内耗的最好方式。然而，究竟什么是长期主义呢？简单来说，就是要能够慢下来。

1930年8月30日出生的股神巴菲特，已经年逾九旬，仍然是伯克希尔这艘金融界巨轮的掌舵人。然而如果仔细研究巴菲特的人生轨迹，你就会发现，他90%的财产是在50岁之后赚到的。有人询问巴菲特："您的投资理念已经广泛传播了，为什么却没有人能再创造出与您比肩的成就？"巴菲特平淡地说："因为他们不愿意慢慢变富。"

无独有偶，1929年世界经济大萧条时期，失业人口激增，刚毕业的约瑟夫·坎贝尔也迟迟找不到工作，于是他做出了一个令人吃惊的决定：与妹妹以及朋友到森林去，暂时过一段时间的"隐士"生活。

在森林里，他们没有钱也没有工作，他们的生活极度贫苦，但森林的宁静氛围却能带给他们些许内心的平静。

约瑟夫·坎贝尔为了让自己的生活变得平静规律，于是他为自己制定了一定的日程安排。除去8小时的睡眠时间，他将自己的时间分为四个时段，每个时段包含4小时。

在第一个时段，他8点起床，然后花费1小时的时间做早饭和整理房间，剩余3小时用来读书。第二个阶段他花费1小时做午饭，然后继续用其他的时间读书。晚餐的时段他会出去吃饭，然后用剩余的时间读书。然后是3小时的自由活动时间，最后，他会花费一小时的时间准备上床睡觉。

就这样，约瑟夫·坎贝尔每天用9小时读书。连续5年时间，足以让约瑟夫·坎贝尔的阅读范围穿越人类学、生物学、文学、哲学、心理学、宗教学、艺术史等多个学科。

大量的积累最终使得他达成知识上的突破，后来他创作出的好几本神话学著作都源于这一时期的深入学习。他的极具影响力的神话学著作《千面英雄》还被美国《时代》周刊评价为20世纪最重要的100本书之一。

伟大的成就并不如同炮制一顿快餐，更像是坎贝尔书中的英雄：他们都要经过无数的困难重重的考验才能最终成长为大英雄。所以如果你心里也有个英雄梦，不妨从长期主义的角度来思考问题。

世界本身就是一个包含丰富变量的复杂系统，它包含了无数的不确定性和各种风险。然而我们要透过这些短期的、暂时的现象去观察世界的本质和趋势，这才是长期主义者能够取得成就的根本原因。

正因为我们的成就十分伟大，所以我们要将他作为一个不可能一蹴而就的长线目标来完成。当我们遭受挫折的时候，要明白坚守信念的重要性。既然目标最终能达成，那么再大的狂风骤雨也不过是无力的恐吓。

繁华落寞皆宜平淡处之

花繁柳密处拨得开，方见手段；风狂雨骤时立得定，才是脚跟。

——《钱氏家训》

弘一法师作为一代名士，房间里挂着许多书法作品，他最喜欢的一幅作品上的内容是："花繁柳密处拨得开，方见手段；风狂雨骤时立得定，才是脚跟。"这句话为何独得具有大智慧的高僧弘一法师的喜爱呢？

从表面意义上理解，这是一句很浅显的话：想通过乱花丛中，要适时拨开挡住去路的花草、柳枝；在疾风骤雨中，要有能够站得稳的实力。事实上，从禅悟角度，"花繁柳密"是指世俗的诱惑，"风狂雨骤"是指人生的挫折。这句话实际上是在说："人在顺境之中，要耐得住繁华的诱惑，这才是真正的手段；在低谷时期，能够不慌不忙，这才是真正的立身之道。"我们无论面对繁华还是落寞，皆宜平淡处之。

弘一法师的一生可谓是波澜壮阔。他本名李成蹊,字叔同,是清末至民国时期少有的音乐、美术、书法等兼擅的真名士。他经历过繁华,也曾有过低谷,他的一生正是这两句箴言的最好注解。公元1880年,他出生于津门巨富之家,他的父亲还是进士出身。李叔同的家庭可谓是书香门第、富甲一方。

幼年的他就显示出了和佛教的缘分,他出生之时曾有佛的使者——喜鹊,口衔松枝送至产房内为他庆贺。他的父母、父亲的正妻、他的长嫂都是虔诚的佛教徒。在他们的熏陶下,小小年纪的他便会念诵《大悲咒》和《往生咒》。

可惜好景不长,1884年李叔同幼年失怙:他的父亲病逝,享年72岁。这样一来,由于他的母亲并非父亲正妻,所以他们母子二人的处境十分尴尬。敏感聪颖的李叔同逐渐开始压抑自己的天性,变得沉默寡言起来。六到十五岁的李叔同在哥哥的严厉教育下长大,6岁的他接受二哥文熙的启蒙教育,之后又辗转跟随常云庄先生等多位名师学习。在辅仁书院学习八股文的时候,李叔同因为文章精妙,还曾获得奖学金。

1987年,李叔同与门当户对的巨富茶商俞家小姐俞氏结为夫妇。哥哥文熙因此给了弟弟30万元巨款供这个小家庭使用。

同年,李叔同开始学习音乐和作曲。当时戊戌六君子的变法行动轰轰烈烈,李叔同被他们以天下为己任的爱国情怀所感染,也毅然支持变法。不久,六君子殉难。李叔同只得携母亲、妻子搬到上海的法租界居住以避祸。在这里，他凭借着阔绰的身家和远超常人的见识，迅速融入了上海的上流社会。

在这之后，李叔同既做时代洪流的追随者，又做时代洪流的引领者。在学生运动轰轰烈烈、各类社会思潮百家争鸣的民国时期，李叔同参加学生运动、创办潮流报纸，赴日留学……他还是中国话剧运动创始人之一。

然而命运的捉弄再次发生在李叔同的身上。26岁的他失去了一直以来相依为命的母亲。他32岁的时候，家中经历剧变，因为当时的庚子之乱，李叔同家的巨额财富一夜之间，荡然无存。

此时的李叔同经历了国事、家事的剧变，可谓是身受"山河破碎风飘絮，身世浮沉雨打萍"之苦。在这巨大的沉浮中，他享受繁华也吞咽痛苦，他渐渐生发出无论面对暴雨雷霆还是惠日和风，他都能怡然不动、淡然处之的智慧。在这样的情况下，他最终皈依佛教，借助佛教来完成他的大道！最终，他成为一代名僧。

生活中的许多人，在遇到顺境时便志得意满，仿若借力青云一步登天；遭遇逆境后便一蹶不振，从此消极处世。殊不知，花繁柳密处拨得开，方见手段；风狂雨骤时立得定，才是脚跟。越是在逆境中，越能显示出一个人真正的潜力；越是在顺境中，越需要谦逊克制。

开 悟

　　庄子的哲学中，讲究齐万物、一死生，即将富贵与贫穷、逆境与顺境、生与死看作是一样的。人生路上，正需要这样的态度。诗人贺拉斯也曾吟诵到："今天那些依然坍塌的，将来可能会浴火重生；今天那些备受尊荣的，将来可能会匿迹销声。"